सुंदर पिचाई
गूगल का भविष्य

AF668282

सुंदर पिचाई

गूगल का भविष्य

जगमोहन एस. भानवेर

प्रभात
पेपरबैक्स
www.prabhatbooks.com

Google और अन्य ब्रांड जिनका उल्लेख इस पुस्तक में किया गया है, वे Google व संबंधित कंपनियों के अधिकृत ट्रेडमार्क हैं और उनकी कंपनी ही इन लोगो और ब्रांड की असली स्वामी है।

प्रकाशक

प्रभात पेपरबैक्स

4/19 आसफ अली रोड, नई दिल्ली–110002

फोन : 23289777 • हेल्पलाइन नं. : 7827007777

इ–मेल : prabhatbooks@gmail.com ❖ वेब ठिकाना : www.prabhatbooks.com

संस्करण

प्रथम, 2018

सर्वाधिकार

सुरक्षित

मूल्य

एक सौ पचास रुपए

अनुवाद

अमरनाथ श्रीवास्तव

अ.मा.पु.स. 978-93-5266-697-3

मुद्रक

आर–टेक ऑफसेट प्रिंटर्स, दिल्ली

★

SUNDAR PICHAI : Google ka Bhavishya
by Jagmohan S. Bhanver
(Hindi translation of 'PICHAI : The Future of Google')

Published by **PRABHAT PAPERBACKS**
4/19 Asaf Ali Road, New Delhi-110002
by arrangement with Hachette Book Publishing India Pvt. Ltd.

ISBN 978-93-5266-697-3

₹ 150.00

भूमिका

10 अगस्त, 2015 को सुंदर पिचाई ने सूचना प्रौद्योगिकी (आई.टी.) क्षेत्र की विशाल कंपनी 'गूगल' के तीसरे मुख्य कार्यकारी अधिकारी (सी.ई.ओ.) के रूप में कार्यभार सँभाला था। तभी से, पिछले कुछ महीनों में मीडिया और विश्लेषकों की निगाहें उन भावी संभावनाओं एवं बदलावों पर टिकी हैं, जो वह गूगल में लाने वाले हैं। कहना न होगा कि पिचाई की नियुक्ति से जिस प्रकार की उम्मीदें की जा रही हैं, वैसी उम्मीदें उस समय भी नहीं की गई थीं, जब एक वर्ष पहले सत्या नडेला को दुनिया की चौथी सबसे बड़ी कंपनी 'माइक्रोसॉफ्ट' का सी.ई.ओ. नियुक्त किया गया था।

माइक्रोसॉफ्ट और कई अन्य बड़ी आई.टी. कंपनियों की तरह गूगल ने बीते वर्षों में बहुत ज्यादा गलतियाँ नहीं की हैं। ऐसा तो नहीं कहा जा सकता कि गूगल के लिए अब तक की राह बहुत आसान रही है क्योंकि अमेजन, माइक्रोसॉफ्ट, एप्पल और अन्य कंपनियों के साथ उसे कड़ी प्रतिस्पर्धा का सामना करना पड़ा है, परंतु इतना जरूर कहा जा सकता है कि गूगल के हाल के ज्यादातर उत्पादों की कहानियाँ सकारात्मक रही हैं, जिनमें गलतियाँ तलाशना आलोचकों या विश्लेषकों के लिए आसान काम नहीं है। वस्तुतः, बाजार में इस तरह के सफल उत्पाद लाने की पिचाई की काबिलीयत की गूगल के सह-संस्थापक लैरी पेज ने पहले ही तारीफ की थी। अब, जबकि वही पिचाई स्वयं ड्राइवर की सीट पर पहुँच गए हैं तो यह देखना दिलचस्प होगा कि वह गूगल की गाड़ी को किस दिशा में ले जाते हैं? दूसरे पहलू से देखें तो ऐसे

लोग भी रहे हैं, जो हाल के वर्षों में नव–प्रवर्तन की दिशा में गूगल की धीमी गति को लेकर उसकी आलोचना करते रहे हैं। ऐसे में, नव–सृजित अल्फाबेट को होल्डिंग कंपनी के रूप में खड़ा करने के लैरी पेज के निर्णय से आलोचकों का मुँह बंद हो सकता है। ऐसे में, पिचाई के लिए जरूरी हो जाता है कि गूगल जो भी कर रहा है, उसे बेहतर बनाने पर अपना ध्यान केंद्रित करें। पहले की तुलना में छोटा हो गया गूगल पहले से बेहतर नव–प्रवर्तन भी करेगा।

विकास की इनमें से ज्यादातर गतिविधियों में सुंदर पिचाई अग्रणी भूमिका में रहे हैं और अब उनकी पदोन्नति से अमेरिका के कैलिफोर्निया स्थित गूगल के माउंटेन व्यू हेडक्वाट्‌र्स में सबकी निगाहें उन पर टिकी हुई हैं। वर्ष 1998 में अपनी शुरुआत के बाद से लेकर अब तक सर्गेई ब्रिन, एरिक शिम्ट और लैरी पेज के नेतृत्व में गूगल ने लंबे–लंबे पगों से अपना रास्ता तय किया है। तो, क्या कंपनी प्रौद्योगिकी के क्षेत्र में दुनिया को नव–प्रवर्तन के अगले चरण में ले जाएगी? या इससे भी महत्त्वपूर्ण सवाल यह है कि क्या सुंदर पिचाई कंपनी को वहाँ तक पहुँचा पाएँगे?

अतीत की बात करें तो नडेला की तरह सुंदर पिचाई भी कोई ज्यादा सार्वजनिक पहचान रखनेवाले व्यक्ति नहीं रहे हैं। चेन्नई के इस व्यक्ति के बारे बहुत कम जाना जाता है, जो विशाल प्रौद्योगिकी कंपनी के पदानुक्रम में तेजी से ऊपर उठा है। ऐसी कौन सी छड़ी है जो इस व्यक्ति को उत्कृष्टता प्राप्त करने के लिए हाँकती है? सी.ई.ओ. के रूप में पिचाई की नियुक्ति गूगल और पूरी दुनिया के प्रौद्योगिकी उद्योग के लिए क्या और कितना मायने रखती है?

इन सवालों के साथ–साथ ऐसे कई और सवालों के जवाब तलाशते हुए मुझे न केवल गूगल बल्कि उसके नए सी.ई.ओ. के बारे में बहुत सारी जानकारियों का विश्लेषण करने का मौका मिला, जिसके आधार पर पूरी तरह से ऐसा लग रहा है कि सुंदर पिचाई अपने समर्थकों और आलोचकों— दोनों को हैरत में डालने वाले हैं।

गूगल के सी.ई.ओ. के रूप में पिचाई की नियुक्ति और लैरी पेज का

अल्फाबेट की बागडोर थामना बहुत बड़े आतंरिक बदलाव का सिरा भर है। गूगल की नई पारी की असल कहानी तो अब आनेवाले महीनों में खुलना शुरू होगी और कम-से-कम एक-दो साल तक चलेगी। कुल मिलाकर गूगल की बागडोर सुरक्षित हाथों में दिखाई देती है। हालाँकि यह तो वक्त ही बताएगा कि गूगल अपने बड़े-बड़े प्रतिद्वंद्वियों से आगे निकल पाएगा या फिर अपनी मौजूदा बाजार हिस्सेदारी बड़े खिलाड़ियों के हाथों खो बैठेगा? फिलहाल यह पुस्तक एक अंतर्दृष्टि देने का प्रयास करती है कि एक व्यक्ति व पेशेवर के रूप में सुंदर पिचाई क्या हैं और उनकी पदोन्नति का गूगल और प्रौद्योगिकी के भविष्य के लिए क्या मायने हैं?

अनुक्रम

भाग–1

स्वप्नदर्शी

'गूगल और इंटरनेट के बारे में मुझे एक बात जो सबसे अच्छी लगी, वह यह है कि यह एक समताकारक (इक्वलाइजर) की तरह है। मैं चाहता हूँ कि गूगल इसी तरह इक्वलाइजर की तरह काम करे और प्रौद्योगिकी को किसी वर्ग विशेष की वस्तु बनाने की बजाय आम जन की वस्तु बनाकर प्रस्तुत करे। मेरे लिए यह महत्त्वपूर्ण है कि हम विश्व भर में हरेक के लिए प्रौद्योगिकी को समताकारी शक्ति (इक्वलाइजिंग फोर्स) के रूप में, सक्षम बनाने वाले के रूप में संचालित करते हैं।

—सुंदर पिचाई

एक विचार की शुरुआत

जीवन की सीमाएँ नहीं होती हैं, अतिरिक्त उनके जो आप बनाते हैं।

—लेस ब्राउन

मोबाइल वर्ल्ड कांग्रेस (एम.डब्ल्यू.सी.) आज मोबाइल उद्योग के लिए सबसे बड़ी प्रदर्शनी है, जहाँ दुनिया भर के विभिन्न मोबाइल-सेवा संचालकों, प्रौद्योगिकी सेवा-प्रदाताओं, विनिर्माताओं के प्रमुख और विषय-सामग्रियों के स्वामी (कंटेंट ओनर) एक साथ बैठते हैं और मोबाइल की दुनिया के नए नवाचारों और घटनाओं तथा उनके संभावित प्रभावों पर चर्चा करते हैं। वर्ष 2015 में बार्सिलोना में आयोजित मोबाइल वर्ल्ड कांग्रेस इसका अपवाद नहीं

था। वास्तव में, यह प्रदर्शनी के इतिहास में अब तक का सबसे बड़ा सम्मेलन था। जरा कल्पना कीजिए—200 देशों के 2,000 से भी ज्यादा संगठनों से जुड़े 94,000 प्रतिभागियों का एक साथ, एक जगह पर मिलना!

> **वर्ष 2015 में बार्सिलोना में आयोजित मोबाइल वर्ल्ड कांग्रेस इसका अपवाद नहीं था। वास्तव में, यह प्रदर्शनी के इतिहास में अब तक का सबसे बड़ा सम्मेलन था। जरा कल्पना कीजिए—200 देशों के 2,000 से भी ज्यादा संगठनों से जुड़े 94,000 प्रतिभागियों का एक साथ, एक जगह पर मिलना!**

इतनी बड़ी संख्या में प्रतिभागियों के साथ-साथ इस सम्मेलन की एक और खास बात थी—गूगल के एक प्रतिनिधि का भाषण, जिसके बारे में 'ब्लूमबर्ग बिजनेस वीक' के ब्रैड स्टोन ने अपनी पत्रिका में लिखा था। ब्रैड स्टोन ने अपनी पत्रिका के जून 2014 के अंक में प्रकाशित एक लेख में गूगल के इस प्रतिनिधि को 'मोबाइल की दुनिया का सबसे ताकतवर व्यक्ति' बताया था। यह व्यक्ति कोई और नहीं, बल्कि स्वयं सुंदर पिचाई थे, जो उस समय गूगल के वाइस प्रेसीडेंट थे और अब उस किंवदंती बन चुकी कंपनी के सी.ई.ओ. हैं।

बार्सिलोना में आयोजित मोबाइल वर्ल्ड कांग्रेस में आए हजारों लोग, जो 'मोबाइल गूगल' को लेकर पिचाई के सपनों और योजनाओं की बातें साँसें थामकर सुन रहे थे, उन्हें शायद ही पता होगा कि वक्ता की कहानी चेन्नई के अशोक नगर से शुरू होती है, जहाँ 30 साल पहले 12 वर्षीय सुंदर पिचाई ने पहली बार अपने नन्हे हाथों में एक 'रोटरी फोन' (उँगली से नंबर घुमाने वाला फोन) पकड़ा था। जी हाँ, उनके घर में पहली बार फोन आया था। संभवत: उसी समय सुंदर के मन में उन संभावनाओं की बाढ़ आ गई थी कि एक फोन वस्तुत: क्या-क्या काम कर सकता है। हालाँकि यह अनुमान लगाने जैसा हो सकता था, फिर भी एक व्यक्ति यह निष्कर्ष निकालने के लिए बाध्य महसूस करता है कि प्रौद्योगिकी और उसकी हर जगह के लोगों

के लिए सकरात्मक बदलाव लाने की असीमित शक्ति के प्रति प्रेम उनके मन में उसी समय कहीं-न-कहीं पैदा हो गया होगा।

आरंभिक जीवन

'मुश्किलें आगे बढ़ने की इच्छा-शक्ति जगाने के लिए होती हैं, न कि हतोत्साहित के लिए। विपरीत परिस्थितियों में और अधिक मजबूती से आगे बढ़ना ही मानवीय भावना है।

—विलियम इंलेरी चैनिंग

जो लोग भी अपने जीवन में सफल हुए हैं, उनमें चुनौतियों की अपनी अच्छी-खासी हिस्सेदारी होती है। यदि सफल होने वाले हरेक व्यक्ति का अतीत अनुकूल होता, तो उन लोगों को प्रेरित करने के लिए कोई प्रेरणादायी कहानी ही नहीं होती, जिनका सौभाग्य अभी तक उन पर चमका नहीं है। एक बात जो सच्चे विजेताओं को अन्य कोशिश करने वालों से अगल करती है, वह उनकी अदम्य इच्छा-शक्ति होती है।

सुंदर पिचाई ऐसे ही कामयाब लोगों में गिने जाते हैं और चैनिंग के उपर्युक्त शब्द उनके संदर्भ में बिल्कुल सटीक बैठते हैं। पिचाई का जन्म 12 जुलाई, 1972 को मदुरई में हुआ था और उनका बचपन चेन्नई में बीता था।

सुंदर पिचाई ऐसे ही कामयाब लोगों में गिने जाते हैं और चैनिंग के उपर्युक्त शब्द उनके संदर्भ में बिल्कुल सटीक बैठते हैं। पिचाई का जन्म 12 जुलाई, 1972 को मदुरई में हुआ था और उनका बचपन चेन्नई में बीता था।

पिचाई का परिवार न बहुत ज्यादा गरीब था और न ही बहुत अमीर। पिता रेगुनाथ एक ब्रिटिश मल्टीनेशनल कंपनी में सीनियर इंजीनियर के पद पर कार्यरत थे, जो स्विचगीयर बनाती थी। माता का नाम लक्ष्मी था, जो स्टेनोग्राफर थीं। सुंदर और उनके भाई श्रीनिवासन के जन्म के बाद

उन्होंने नौकरी छोड़ दी। परंपराओं पर चलनेवाले पिचाई परिवार की पहली प्राथमिकता थी कि बच्चों को अच्छी-से-अच्छी शिक्षा मिले, जिसका अर्थ था—टेलीविजन और कार जैसी सुख-सुविधाओं का त्याग। चेन्नई स्थित उनके मकान में दो कमरे थे। सुंदर अपने भाई के साथ लिविंग रूम में सोते थे। कहीं आने-जाने के लिए या तो पब्लिक ट्रांसपोर्ट था या फिर पिता का पुराना लंब्रेटा स्कूटर।

पिचाई परिवार की सादगीपूर्ण जीवन-शैली से बच्चों को अपनी पढ़ाई पर ध्यान केंद्रित करने में मदद मिली। सुंदर अपना पूरा ध्यान पढ़ाई पर देते थे। हालाँकि हाई स्कूल में पहुँचने के बाद वह क्रिकेट में भी अच्छी-खासी दिलचस्पी लेने लगे थे। उस दौरान की दो बहुत खास बातों का सुंदर पर गहरा असर पड़ा—

पहली, रेगुनाथ अपने कार्य-स्थल और वहाँ काम करने में आनेवाली समस्याओं के बारे में बच्चों को बताया करते थे। इसका सुंदर के मन पर गहरा असर पड़ा दिखाई देता है। उस समय इतनी कम उम्र में भी उनका मन उन बातों की ओर आकर्षित होता था, जिनका प्रौद्योगिकी और नव-प्रवर्तन से किसी-न-किसी तरह का संबंध होता था।

दूसरी, पहली बार फोन हाथ में लेने का अनुभव ऐसा था, जिसने उन्हें प्रौद्योगिकी की ओर महज आकर्षित होने से भी अधिक-कुछ किया था। इसने उन्हें यह विचार करने के लिए बाध्य किया था कि प्रौद्योगिकी असीमित शक्ति आम आदमी के जीवन में सकारात्मक बदलाव लाने के लिए औजार बन सकती थी। इसके अलावा,

प्रौद्योगिकी असीमित शक्ति आम आदमी के जीवन में सकारात्मक बदलाव लाने के लिए औजार बन सकती थी। इसके अलावा, उनके अंदर एक और असाधारण योग्यता थी, जिसके बारे में अब तक वह स्वयं भी नहीं जानते थे—मोबाइल पर वह जो भी नंबर एक बार डायल करते थे, वह उन्हें याद हो जाता था।

उनके अंदर एक और असाधारण योग्यता थी, जिसके बारे में अब तक वह स्वयं भी नहीं जानते थे—मोबाइल पर वह जो भी नंबर एक बार डायल करते थे, वह उन्हें याद हो जाता था।

स्कूल में प्रतिस्पर्धा की शुरुआत

'मेरे माता-पिता ने वह सबकुछ किया, जो उस दौर में एक अच्छे माता-पिता अपने बच्चों के लिए कर सकते थे। अपने बच्चों को पढ़ाने के लिए उन्होंने अपने जीवन की महत्त्वपूर्ण सुख-सुविधाओं का त्याग भी किया और अपनी नकदी का बहुत बड़ा हिस्सा यह सुनिश्चित करने के लिए उपयोग किया कि उन्हें बच्चे शिक्षित हों।

—सुंदर पिचाई

अब तक लोकप्रिय हो चुकी पिचाई की आत्म-प्रेरित सोच के पहले चरण की शुरुआत उस समय हो गई थी, जब वह अशोक नगर के जवाहर विद्यालय में पढ़ते थे। जवाहर विद्यालय वैसे तो चेन्नई के अच्छे विद्यालयों में गिना जाता था, लेकिन देश के शीर्ष विद्यालयों में इसकी गिनती नहीं थी; परंतु विद्यालय में और पिचाई के अंदर कुछ तो ऐसा था, जिसके बल पर वह सफलता के लक्ष्य तक पहुँच सके। कितनी दिलचस्प बात है कि जिस व्यक्ति ने गूगल जैसी बड़ी प्रौद्योगिकी कंपनी के संस्थापकों—लैरी पेज और सर्गेई ब्रिन का ध्यान इस तरह अपनी ओर आकर्षित किया, वह अपने स्कूल के दिनों में कुछ खास लोकप्रिय नहीं था। जवाहर विद्यालय या दूसरे स्कूल—

कितनी दिलचस्प बात है कि जिस व्यक्ति ने गूगल जैसी बड़ी प्रौद्योगिकी कंपनी के संस्थापकों—लैरी पेज और सर्गेई ब्रिन का ध्यान इस तरह अपनी ओर आकर्षित किया, वह अपने स्कूल के दिनों में कुछ खास लोकप्रिय नहीं था।

वान वाणी मैट्रिकुलेशन हायर सेकेंडरी स्कूल, जहाँ से पिचाई ने पढ़ाई की थी—में बहुत कम लोगों को उनके बारे में कुछ याद है। जवाहर विद्यालय के प्रधानाचार्य आर.एम. कृष्णन मजाकिया लहजे में बताते हैं कि प्रोफेसर लोग या तो कक्षा के सबसे उत्कृष्ट विद्यार्थी को याद रखते हैं या फिर उन विद्यार्थियों को, जो शरारती होते हैं। सुंदर वैसे तो एक होशियार विद्यार्थी थे, लेकिन स्वभाव से बहुत शांत व गुपचुप रहनेवाले थे।

जवाहर विद्यालय से दसवीं कक्षा पास करने के बाद सुंदर ने वान वाणी मैट्रिकुलेशन हायर सेकेंडरी स्कूल में दाखिला लिया, जो चेन्नई के आई.आई.टी. कैंपस में स्थित है और प्रौद्योगिकी के क्षेत्र में देश के लिए बहुत सारे भावी कर्णधार तैयार करने में लगा है। यहाँ दो साल पढ़ाई करने के बाद सुंदर ने वर्ष 1989 में तमिलनाडु स्टेट बोर्ड की बारहवीं की परीक्षा उत्तीर्ण की।

विद्यार्थी जीवन में भी सुंदर अपने लिए लक्ष्य तय किया करते थे और किसी के निर्देश के बिना उन पर स्वयं काम किया करते थे। उनके पिता स्वयं बताते हैं कि सुंदर को कभी पढ़ने के लिए नहीं कहना पड़ता था, क्योंकि वह अपने आप ही पढ़ने के लिए बैठ जाया करते थे। स्कूल के दिनों के सुंदर के दोस्त भी उनकी एकाग्रता की तारीफ करते हुए बताते हैं कि वह स्कूल जाते या स्कूल से घर वापस आते समय साइकिल रिक्शा में बैठे-बैठे अपनी किताब पढ़ा करते थे।

चेन्नई में सुंदर 'आई.आई.टी. ब्वॉय' के पर्याय के रूप में जाने जाते हैं। यह कोई संयोग की बात नहीं थी कि वान वाणी से बारहवीं की परीक्षा पास करने के बाद वह सीधे आई.आई.टी., खड़गपुर पहुँचे थे। उनकी उम्र के ज्यादातर बच्चे जिस समय क्रिकेट या दूसरे खेलों में व्यस्त रहते थे, उस समय वह अकेले में कहीं बैठकर अपनी किताबें पढ़ रहे होते

परीक्षा में एक-एक अंक के लिए वह प्रतिस्पर्धा पर उतर आते थे और वह अंक हासिल करके ही दम लेते थे। सचमुच, बहुत प्रतिस्पर्धी स्वभाव के थे वह।

थे। परीक्षा में एक-एक अंक के लिए वह प्रतिस्पर्धा पर उतर आते थे और वह अंक हासिल करके ही दम लेते थे। सचमुच, बहुत प्रतिस्पर्धी स्वभाव के थे वह।

आई.आई.टी. ब्वॉय

'कुछ लोग (सोते हुए) सफलता के सपने देखते हैं, जबकि दूसरे लोग सफलता के लिए जागकर मेहनत करते हैं।'

—विंस्टन चर्चिल

वर्ष 1946 में दो शिक्षाविदों—हुमायूँ कबीर और जोगेंद्र सिंह ने तय किया कि अगर अमेरिका के मैसाचुसेट्स इंस्टीट्यूट ऑफ टेक्नोलॉजी (एम. आई.टी.) की तरह का कोई तकनीकी शिक्षण संस्थान भारत में हो तो यहाँ औद्योगिक विकास की प्रक्रिया को बल मिलेगा। बी.सी. रॉय, जो वर्ष 1948 में बंगाल के मुख्यमंत्री बने थे, की सहायता से उन्होंने नलिनी रंजन सरकार के नेतृत्व में एक कमेटी गठित की, जिसे बाद में 'सरकार कमेटी' के नाम से जाना गया। रॉय ने तत्कालीन प्रधानमंत्री जवाहरलाल नेहरू को इस तरह की संस्था की आवश्यकता के बारे में बताया और उन्हें इसके लिए तैयार कर लिया। उस समय चूँकि कई उद्योग बंगाल में स्थित थे, इसलिए पहला संस्थान पश्चिम बंगाल में ही शुरू किया गया। इस प्रकार मई 1950 में कलकत्ता के एस्प्लानेड ईस्ट में पहली आई. आई.टी. की स्थापना हुई। चार महीने बाद इसे मिदनापुर जिले के हिलजी नामक स्थान पर स्थानांतरित कर दिया गया। हिलजी इसके लिए एक उपयुक्त स्थान था, क्योंकि स्वतंत्रता संग्राम के दौरान यह स्वतंत्रता सेनानियों के छिपने का स्थान भी रहा था। अब यह

कई उद्योग बंगाल में स्थित थे, इसलिए पहला संस्थान पश्चिम बंगाल में ही शुरू किया गया। इस प्रकार मई 1950 में कलकत्ता के एस्प्लानेड ईस्ट में पहली आई.आई.टी. की स्थापना हुई।

स्थान भारत को औद्योगिक स्वतंत्रता दिलाने के लिए खुल रहे एक औद्योगिक संस्थान की आधार भूमि बनने जा रहा था।

खड़गपुर से सटा हिलजी 200 साल पुराने हिलजी साम्राज्य का हिस्सा हुआ करता था, जिसका वर्ष 1886 में अंत हो गया था। इसीलिए यहाँ स्थापित संस्थान का नाम आई.आई.टी., खड़गपुर रखा गया। मौलाना अबुल कलाम आजाद द्वारा संस्थान का उद्घाटन किया गया और अगस्त 1951 में पहले सत्र का शुभारंभ हुआ। सितंबर 1956 में भारतीय संसद् ने आई. आई.टी., खड़गपुर को राष्ट्रीय महत्त्व का संस्थान घोषित कर दिया। संस्थान के प्रथम दीक्षांत समारोह में बोलते हुए तत्कालीन प्रधानमंत्री पं. नेहरू ने कहा था, ''यहाँ हिलजी के नजरबंदी शिविर (डिटेंशन कैंप) के स्थान पर भारत का एक सुंदर स्मारक खड़ा है, जो भारत के भविष्य का प्रतिनिधित्व करता है। इसमें मुझे भारत में आ रहे सकारात्मक बदलावों की झलक दिखाई देती है।'' तो वर्ष 1989 में सुंदर पिचाई ने 2,100 एकड़ क्षेत्रफल में फैले आई.आई.टी., खड़गपुर का कैंपस ज्वॉइन कर लिया, जहाँ वह भारत के साथ-साथ पूरी दुनिया में प्रौद्योगिकी को परिभाषित करनेवाली हस्तियों के निकट संपर्क में आने वाले थे। उन्होंने मेटलर्जिकल (धातु-शोधन) डिपार्टमेंट में दाखिला लिया, जिसमें से प्रवीण चौधरी (ब्रूकहैवन नेशनल लैबोरेटरी, यू.एस.ए. के डायरेक्टर और आई. बी.एम. के रिसर्च डिवीजन के पूर्व प्रमुख) जैसी हस्तियाँ निकली थीं। अरुण सरीन (जो वोडाफोन के सी.ई.ओ. थे) और विनोद गुप्ता (यू. एस. की वेंचर कैपिटल और प्राइवेट

नेहरू हॉल (खड़गपुर में सुंदर का हॉस्टल) में रहनेवाले सुंदर ने अंग्रेजी के 'गो' (go) शब्द से अपने बैच में शीर्ष स्थान प्राप्त किया और सन् 1993 यानी अंतिम वर्ष में भी उन्होंने न केवल मेटलर्जी में शीर्ष स्थान प्राप्त किया, बल्कि उत्कृष्ट शैक्षिक प्रदर्शन के लिए संस्थान की ओर से उन्हें रजत पदक भी प्राप्त हुआ।

इक्विटी फर्म एवरेस्ट ग्रुप एल.एल.सी. के चेयरमैन) भी आई.आई.टी., खड़गपुर के मेटलर्जिकल डिवीजन की उपज थे।

आई.आई.टी. में पढ़ाई के दौरान पी. सुंदरराजन के नाम से ज्यादा जाने जानेवाले सुंदर का वैसे तो साथी विद्यार्थियों और प्रोफेसरों के बीच अच्छा-खासा सम्मान था, लेकिन वह स्वयं लोगों के बीच कम हो आते थे। नेहरू हॉल (खड़गपुर में सुंदर का हॉस्टल) में रहनेवाले सुंदर ने अंग्रेजी के 'गो' (go) शब्द से अपने बैच में शीर्ष स्थान प्राप्त किया और सन् 1993 यानी अंतिम वर्ष में भी उन्होंने न केवल मेटलर्जी में शीर्ष स्थान प्राप्त किया, बल्कि उत्कृष्ट शैक्षिक प्रदर्शन के लिए संस्थान की ओर से उन्हें रजत पदक भी प्राप्त हुआ।

सुंदर ने मेटलर्जी में दाखिला तो ले लिया था, लेकिन मेटलर्जी के साथ-साथ उनकी रुचि इलेक्ट्रॉनिक्स में भी थी। आई.आई.टी. सिस्टम के लचीलेपन से उन्हें अपनी रुचि के विषय और मूल पाठ्यक्रम—दोनों को बनाए रखने में मदद मिली। तृतीय वर्ष के बाद से सुंदर ने इलेक्ट्रॉनिक्स पदार्थों के व्यवहार के बारे में अपने ज्ञान को बढ़ाने के लिए आई.आई.टी. को एक प्लेटफॉर्म के रूप में प्रयोग करना शुरू कर दिया। बी.टेक. में उनका शोधपत्र भी इलेक्ट्रॉनिक्स पदार्थों पर आधारित था।

सुंदर, जिन्होंने चेन्नई में अपने स्कूल के दिनों के दौरान स्वयं को एक किताबी सीमा से बाँध लिया था, अब आई.आई.टी. में आकर उस सीमा से बाहर निकलने लगे थे। उनका जन-संपर्क और संप्रेषण कौशल भी विकसित होने लगा था।

प्रो. सनत रॉय, जो खड़गपुर में सुंदर के प्रोफेसर हुआ करते थे, बताते हैं, ''उस समय, जबकि हमारे यहाँ की पाठ्यचर्या में इलेक्ट्रॉनिक्स पर अलग से कोई कोर्स उपलब्ध नहीं था, वह (सुंदर) इलेक्ट्रॉनिक्स के क्षेत्र में काम कर रहे थे। उनका शोध-पत्र सिलिकॉन वेफर्स के गुण-धर्म में परिवर्तन लाने के लिए उसमें अन्य तत्वों के अणु (मॉलिक्यूल)

स्थापित करने के विषय पर आधारित था। इस प्रकार शुरू में ही यह बात स्पष्ट हो गई थी कि इलेक्ट्रॉनिक्स और पदार्थों के विषय में उनकी गहरी रुचि थी।''[2]

सुंदर, जिन्होंने चेन्नई में अपने स्कूल के दिनों के दौरान स्वयं को एक किताबी सीमा से बाँध लिया था, अब आई.आई.टी. में आकर उस सीमा से बाहर निकलने लगे थे। उनका जन-संपर्क और संप्रेषण कौशल भी विकसित होने लगा था। नेहरू हॉल में ही उनके 14 दोस्त हो गए थे, जिनके साथ आज भी उनका संपर्क बना हुआ है। हॉस्टल में उनके साथ रहनेवाले प्रशांत त्रिपाठी, जो आजकल मैक्स लाइफ इंश्योरेंस के सी.ई.ओ. हैं, बताते हैं, ''वह बहुत तीक्ष्ण बुद्धि के और विचारशील व्यक्ति थे। हमारे ग्रुप में जब कभी किसी विषय पर चर्चा होती थी तो वह मुख्य भूमिका में होते थे। स्वभाव से भी वह बहुत मिलनसार और सहयोगी प्रवृत्ति के थे। कभी-कभी हम देर रात तक मूवी देखा करते थे। उन दिनों इंटरनेट नहीं था, इसलिए हमारा ज्यादातर समय दोस्तों के साथ गपशप में बीतता था। वह पढ़ते भी बहुत थे।''[3]

आई.आई.टी. में सुंदर को अच्छे दोस्तों का ग्रुप और संस्थान की ओर से रजत पदक तो मिला ही, साथ ही वह महिला भी उनके संपर्क में आई, जो आगे चलकर उनकी जीवनसंगिनी बनी।

रसिक-हृदय

'प्रणय (रोमांस) का असली रस अनिश्चितता है।'

—ऑस्कर वाइल्ड।

अगर आपको लगता है कि गूगल के पद पर पहुँचना सुंदर के लिए बहुत मुश्किल रहा होगा तो स्वयं सुंदर के करीबी दोस्त ही आपकी यह गलतफहमी दूर कर देंगे। सुंदर को अपने जीवन में जिस सबसे बड़ी चुनौती का सामना करना पड़ा, वह थी उस महिला के सामने प्रेम प्रस्ताव रखने की चुनौती, जिससे वह प्रेम करते थे। उन्हें केमिकल इंजीनियरिंग डिपार्टमेंट की अपने ही बैच की लड़की से प्यार हो गया था। वह राजस्थान के कोटा शहर

की थी और सुंदर तमिलनाडु के थे। जीवन की अन्य चीजों की तरह ही वह इस संबंध को लेकर भी संजीदा थे।

सुंदर पिचाई का दिल चुरानेवाली वह लड़की थी—अंजलि हरियानी। सुंदर के करीबी दोस्तों को भी इसके बारे में पता नहीं था। अंजलि के प्रति सुंदर की दिलचस्पी का पता उनके दोस्तों को तब चला, जब वे दोनों आई. आई.टी. से स्नातक की डिग्री लेने के बाद निकलने लगे। सुंदर ने वैसे तो फाइनल ईयर के दौरान ही अंजलि के सामने प्रेम-प्रस्ताव रख दिया था, लेकिन उनकी शादी कुछ साल बाद ही हो पाई। आई.आई.टी. से निकलने के बाद वह स्टैनफोर्ड से एम.एस. (मास्टर ऑफ साइंस) करने के लिए यू.एस. चले गए। एजुकेशन लोन न मिलने के कारण सुंदर के जाने और अन्य खर्चों के लिए उनके पिता को अपनी जमा-पूँजी में से पैसे खर्च करने पड़े। इसमें उनका पूरे एक साल का वेतन लग गया, लेकिन हाँ, इससे सुंदर को सही रास्ता मिल गया था।

स्टैनफोर्ड से पढ़ाई के बाद सुंदर ने सिलिकॉन वैली की एक सेमीकंडक्टर फर्म 'एप्लाइड मैटीरियल्स' में नौकरी कर ली। वह दौर सुंदर के लिए थोड़ा मुश्किल भरा रहा, क्योंकि अंजलि से उनका संपर्क बहुत कम हो पाता था। कई बार तो छह-छह महीने तक बात नहीं हो पाती थी। उस समय भारत में दूरसंचार सेवाएँ इतनी विकसित नहीं थीं और अंतरराष्ट्रीय कॉल की दरें बहुत महँगी हुआ करती थीं।

स्टैनफोर्ड से पढ़ाई के बाद सुंदर ने सिलिकॉन वैली की एक सेमीकंडक्टर फर्म 'एप्लाइड मैटीरियल्स' में नौकरी कर ली। वह दौर सुंदर के लिए थोड़ा मुश्किल भरा रहा, क्योंकि अंजलि से उनका संपर्क बहुत कम हो पाता था।

एप्लाइड मैटीरियल्स में नौकरी शुरू करने के बाद जाकर सुंदर ने अपने माता-पिता से अपनी शादी के बारे में बात की। घरवाले राजी हो गए और अंततः दोनों प्रेमी विवाह के बंधन में बँध गए। बाद में अंजलि भी सुंदर के

साथ यू.एस. में आकर रहने लगी। जब सुंदर ने मैकेंजी (McKinsey) में कंसल्टेंट के रूप में नौकरी शुरू की, तब अंजलि ने भी उनके पदचिह्नों पर चलते हुए स्टैनफोर्ड से एम.एस. कर लिया, जैसे पहले सुंदर ने किया था। इस बार अंतर बस इतना था कि दोनों साथ-साथ रह रहे थे।

अपने मन की सुननेवाले

'हमेशा उसी रास्ते से मत चलो, जहाँ से दूसरे लोग जाते रहे हैं।'

—एलेक्जेंडर ग्राहम बेल

स्वभाव से सरल और शांत होने के बावजूद सुंदर जरूरत पड़ने पर अपनी फौलादी इच्छा-शक्ति को दिखाने के लिए तैयार रहते थे। अपने कार्यों से उन्होंने यह स्पष्ट कर दिया कि वह वही काम करते हैं, जिसमें उनका विश्वास होता है और उसी में विश्वास करते हैं, जो वह स्वयं करते हैं।

सबसे पहले तो आई.आई.टी. में ही मेटलर्जिकल डिपार्टमेंट में नामांकन कराने के बावजूद उन्होंने अपना शोध-पत्र इलेक्ट्रॉनिक्स विषय पर तैयार किया, जबकि उस समय वहाँ इलेक्ट्रॉनिक्स पर अलग से कोई कोर्स ही नहीं था। उसके बाद भी उनके प्रोफेसरों ने उन्हें स्टैनफोर्ड से पी-एच.डी. करने की सलाह दी थी; लेकिन उन्होंने पी-एच.डी. छोड़कर एम.एस. किया और वह भी मैटीरियल साइंस और इंजीनियरिंग में। तत्पश्चात् जब वह एप्लाइड मैटीरियल्स में नौकरी कर रहे थे, उस समय भी उन्होंने कुछ हटकर काम करने का निर्णय लिया। अपने माता-पिता की इच्छा के खिलाफ जाकर उन्होंने नौकरी

अपने माता-पिता की इच्छा के खिलाफ जाकर उन्होंने नौकरी छोड़ दी और ह्वार्टन स्कूल ऑफ बिजनेस में एम.बी.ए. में दाखिला ले लिया। वहाँ उन्हें 'सीबेल स्कॉलर' और 'पामर स्कॉलर' के लिए नामांकित किया गया।

छोड़ दी और ह्वार्टन स्कूल ऑफ बिजनेस में एम.बी.ए. में दाखिला ले लिया। वहाँ उन्हें 'सीबेल स्कॉलर' और 'पामर स्कॉलर' के लिए नामांकित किया गया। सीबेल स्कॉलर्स प्रोग्राम मूल रूप से यू.एस., चीन, जापान, इटली और फ्रांस के 27 ग्रेजुएट स्कूलों के उत्कृष्ट छात्रों के लिए होता है। इसमें ह्वार्टन के अतिरिक्त एम.आई.टी.—स्लोअन इंस्टीटयूट ऑफ मैनेजमेंट, केलॉग स्कूल ऑफ मैनेजमेंट, स्टैनफोर्ड ग्रेजुएट स्कूल ऑफ बिजनेस, हार्वर्ड बिजनेस स्कूल, कार्नेगी मेलॉन यूनिवर्सिटी, प्रिंस्टन यूनिवर्सिटी और जॉन्स हॉपकिंस यूनिवर्सिटी जैसे संस्थान आते हैं। डीन की संस्तुति के आधार पर प्रतिवर्ष प्रत्येक संस्थान से एक 'सीबेल स्कॉलर' चुना जाता है। विजेता को 35 हजार अमेरिकी डॉलर्स का पुरस्कार दिया जाता है। 'पामर स्कॉलर' पुरस्कार उन छात्रों को दिया जाता है, जो वर्ग के शीर्ष 5 प्रतिशत स्नातकों में आते हैं। श्रेणी का निर्धारण ह्वार्टन में छात्र द्वारा दो साल की अवधि में अर्जित ग्रेड प्वॉइंट एवरेज (जी.पी.ए.) के आधार पर किया जाता है।

स्टैनफोर्ड से मैटीरियल साइंस और इंजीनियरिंग में एम.एस. करने से सुंदर को गूगल की व्यावसायिक प्रक्रिया को समझने और गूगल के संस्थापकों की चिंतन प्रक्रिया से स्वयं को जोड़ने तथा उसे और समृद्ध बनाने में बहुत मदद मिली।

स्टैनफोर्ड से मैटीरियल साइंस और इंजीनियरिंग में एम.एस. करने से सुंदर को गूगल की व्यावसायिक प्रक्रिया को समझने और गूगल के संस्थापकों की चिंतन प्रक्रिया से स्वयं को जोड़ने तथा उसे और समृद्ध बनाने में बहुत मदद मिली। सुंदर को डेंसिटी (घनत्व), सेमी कंडक्टर मॉलिक्यूलर मेकैनिक्स और मैटीरियल्स के काम में कुशलता प्राप्त है, जो कंप्यूटर की आधारभूत इकाइयाँ हैं। दूसरी ओर लैरी पेज और सर्गेई ब्रिन की योग्यता सॉफ्टवेयर से जुड़ी है। पिचाई को हार्डवेयर के साथ-साथ सॉफ्टवेयर की भी अच्छी जानकारी है। प्रौद्योगिकी के वर्तमान परिवेश में गूगल को इसका अच्छा फायदा मिल सकता है।

गुल्ली क्रिकेट

'क्रिकेट हमारे लिए एक खेल से बढ़कर था। गरमियों के दिनों में यह हमारा एक नित्यकर्म था।'

—एडमंड ब्लंडेन

क्रिकेट और भारतीयों के बीच ऐसा कुछ है, जिसके कारण दोनों को एक-दूसरे से अलग नहीं किया जा सकता। क्रिकेट ऐसी चीज है कि इसमें दिलचस्पी न रखने वाले विद्यार्थी भी आपको क्रिकेट मैच देखते या इसके बारे में बातें करते दिखाई दे जाएँगे। सुंदर पिचाई भी इसका अपवाद नहीं थे।

क्रिकेट और भारतीयों के बीच ऐसा कुछ है, जिसके कारण दोनों को एक–दूसरे से अलग नहीं किया जा सकता। क्रिकेट ऐसी चीज है कि इसमें दिलचस्पी न रखने वाले विद्यार्थी भी आपको क्रिकेट मैच देखते या इसके बारे में बातें करते दिखाई दे जाएँगे। सुंदर पिचाई भी इसका अपवाद नहीं थे।

स्कूल में शुरुआती वर्षों के दौरान क्रिकेट से जुड़ी बातों में सुंदर की कोई खास दिलचस्पी नहीं थी। उनकी दादी रंगानायकी बताती हैं कि यद्यपि सुंदर (जिन्हें वह 'राजेश' नाम से बुलाया करती थीं) अपना समय बरबाद करना पसंद नहीं करते थे, लेकिन स्कूल के बाद वह अपने छोटे भाई श्रीनिवासन के साथ घर के सामने ही क्रिकेट खेला करते थे। बाद में वह अपनी हाई स्कूल क्रिकेट टीम के कप्तान भी रहे। आई.आई.टी., खड़गपुर में नेहरू हॉल में अपने ग्रुप के अन्य लड़कों के साथ वह भी रात में घंटों बैठकर खेल के बारे में बातें किया करते थे।

दिलचस्प बात है कि सुंदर के हमवतन रहे और प्रौद्योगिकी के क्षेत्र में बड़ी सफलता हासिल करनेवाले एक अन्य भारतीय सत्य नडेला (जो माइक्रोसॉफ्ट के सी.ई.ओ. हैं) भी क्रिकेट के प्रति अपने लगाव की बात

बताते हैं और यह भी बताते हैं कि किस प्रकार इस खेल से उन्हें नेतृत्व कौशल सीखने में मदद मिली।

अभिजातवादी नहीं

'सुंदर पिचाई अमेरिका में एक नए तरह के अभिजातवाद का पर्याय हैं।'

—वजाहत काजी

इतिहास गवाह है कि कोई भी बड़ा घटनाक्रम अपने पीछे कुछ अच्छी और कुछ बुरी प्रतिक्रियाएँ लेकर आता है। गूगल के सी.ई.ओ. के रूप में पिचाई की नियुक्ति भी इसका अपवाद नहीं है। इस घटनाक्रम पर आनेवाली प्रतिकूल प्रतिक्रियाओं में वजाहत काजी का एक लेख भी रहा है।[4]

लेख में हालाँकि पिचाई के बारे में सीधे-सीधे कुछ नहीं लिखा था, लेकिन उसमें गूगल के नए सी.ई.ओ. और अमेरिका में रह रहे अन्य प्रतिभाशाली भारतीयों पर तीखी टिप्पणी जरूर की गई थी। लेख में काजी ने यू. एस. में एक उभरते अभिजात वर्ग के बारे में लिखा है (पिचाई को उसकी प्रतिमूर्ति माना है) तथा यह भी लिखा है कि किस प्रकार यह श्वेत अमेरिकी कार्यकारी वर्ग के लोगों के लिए चिंता का कारण बना हुआ है। फर्स्टपोस्ट डॉट कॉम में प्रकाशित इस लेख के माध्यम से काजी शायद यह कहना चाहते हैं कि यू.एस. जानेवाले आप्रवासी लोगों, जो ज्यादातर भारतीय हैं, के पास शिक्षा, मार्गदर्शन और अन्य तरह की जो

फर्स्टपोस्ट डॉट कॉम में प्रकाशित इस लेख के माध्यम से काजी शायद यह कहना चाहते हैं कि यू.एस. जानेवाले आप्रवासी लोगों, जो ज्यादातर भारतीय हैं, के पास शिक्षा, मार्गदर्शन और अन्य तरह की जो सुविधाएँ उपलब्ध हैं, वैसी सुविधाएँ यहाँ के मूल निवासियों के पास उपलब्ध नहीं हैं।

सुविधाएँ उपलब्ध हैं, वैसी सुविधाएँ यहाँ के मूल निवासियों के पास उपलब्ध नहीं हैं। कुछ लोग भले ही इस विचार से सहमत हों, लेकिन लेख में काजी ने जिस तरह का सिद्धांत प्रस्तुत किया है, उससे कोई भी आश्चर्य करने के लिए विवश हो जाएगा। उदाहरण के लिए, आज दुनिया में कम ही देश ऐसे होंगे, जहाँ शिक्षा, मार्गदर्शन जैसी सुविधाओं के अवसर यू.एस. जितने ऊँचे होंगे और विकासशील देशों के लोगों के पास तो निश्चित रूप से इस तरह के अवसर नहीं होंगे।

हालाँकि काजी यह भी मानते हैं कि यू. एस. जानेवाले इस अभिजात वर्ग में ज्यादातर लोग ऐसे हैं, जिन्होंने अपनी मंजिल अपनी स्वयं की काबिलीयत के बल पर हासिल की है, जिसका सुंदर पिचाई से बढ़कर कोई दूसरा उदाहरण नहीं हो सकता। जी हाँ, सुंदर पिचाई, जिन्हें काजी ने यू.एस. में एक नई तरह के अभिजातवाद के पर्याय के रूप में वर्णित किया है। अगर काजी स्वयं सुंदर पिचाई की पृष्ठभूमि में जाकर देखते तो शायद उन्हें पता चल जाता कि पिचाई एक ऐसे व्यक्ति हैं, जो जीवन के अभावों और प्रतिकूलताओं के बावजूद अपने कैरियर के रास्ते से विचलित नहीं हुए और वह भी भारत जैसे देश में, जहाँ प्रतिस्पर्धा का स्तर बहुत ऊँचा और अवसरों का स्तर बहुत निम्न रहा है। वर्ष 1993 में जब वह स्कॉलरशिप पर स्टैनफोर्ड में पढ़ने के लिए यू.एस. आए थे, उस समय उनके पास अपने लिए एक बैकपैक खरीदने तक के लिए पैसे नहीं थे। बैकपैक का दाम 60 डॉलर्स सुनकर ही वह परेशान हो उठे थे। तो, काजी अपने लेख में जिस अभिजातवादी व्यक्ति की बात कर रहे हैं, वह व्यक्ति कम-से-कम सुंदर पिचाई तो नहीं हो सकते। इसके अलावा, सुंदर के यू.एस. जाने की फ्लाइट टिकट और अन्य खर्चों के प्रबंध के लिए उनके पिता को अपनी जमा-पूँजी तक खर्च कर देनी

पिचाई एक ऐसे व्यक्ति हैं, जो जीवन के अभावों और प्रतिकूलताओं के बावजूद अपने कैरियर के रास्ते से विचलित नहीं हुए और वह भी भारत जैसे देश में, जहाँ प्रतिस्पर्धा का स्तर बहुत ऊँचा और अवसरों का स्तर बहुत निम्न रहा है।

पड़ी थी, यह सच्चाई भी उनके नाम के साथ जुड़े 'अभिजात' के टैग का किसी तरह समर्थन नहीं करती। सच तो यह है कि सुंदर पिचाई एक नई तरह के योग्यतावादी विश्व-नागरिक का पर्याय हैं, जिस पर न केवल भरत के लोगों को, बल्कि अमेरिका (जिसने उनकी उपलब्धियों के आधार पर उन्हें अपने यहाँ अवसर दिए) को भी गर्व होना चाहिए।

गूगल से पहले

'हमारा मिशन अपने ग्राहकों को अपने कार्य-प्रदर्शन में विशिष्ट, प्रभावी और स्थायी सुधार लाने तथा उन्हें एक ऐसी फर्म खड़ी करने में मदद करना है, जो असाधारण लोगों को आकर्षित, विकसित, उत्साहित करता है और अपने साथ जोड़ बनाए रखता है।

—मैकेंजी

मैकेंजी की स्थापना वर्ष 1926 में जेम्स मैकेंजी द्वारा प्रबंधन में एकाउंटिंग के सिद्धांतों के अनुप्रयोग के लिए की गई थी। आज यह दुनिया की सबसे प्रतिष्ठित मैनेजमेंट कंसल्टिंग फर्मों में से एक है।

सुंदर ने वर्ष 2001 में मैकेंजी ज्वॉइन की थी, जब एक अन्य जाने-माने भारतीय रजत गुप्ता पहले गैर-अमेरिकी व्यक्ति के रूप में मैकेंजी का ग्लोबल ऑपरेशन सँभाल रहे थे। तीन साल तक यहाँ काम करने के बाद वर्ष 2004 में पिचाई गूगल में आ गए थे। इसके एक साल पहले ही मैकेंजी में रजत गुप्ता के स्थान पर इयान डेविस की नियुक्ति हुई थी।

मैकेंजी की स्थापना वर्ष 1926 में जेम्स मैकेंजी द्वारा प्रबंधन में एकाउंटिंग के सिद्धांतों के अनुप्रयोग के लिए की गई थी। आज यह दुनिया की सबसे प्रतिष्ठित मैनेजमेंट कंसल्टिंग फर्मों में से एक है।

मैकेंजी में काम करने के दौरान ही उन्होंने व्हार्टन स्कूल ऑफ बिजनेस

से एम.बी.ए. किया था। एप्लाइड मैटीरियल्स में सुंदर को सेमीकंडक्टर के बारे में सीखने को मिला तो मैकेंजी में उन्हें अपने प्रबंध कौशल को विकसित करने का अवसर मिला, जो बाद में गूगल में बहुत सहायक सिद्ध हुआ। वैसे, उनका इंजीनियरिंग और व्यावसायिक कौशल उसका छोटा हिस्सा है, जो उन्हें एक नेतृत्वकर्ता के रूप में परिभाषित करता है। अपनी जीवन–यात्रा में सुंदर पिचाई ने कुछ इस प्रकार की कुशाग्रता को उठा लिया था, जो अधिक आयु के और अनुभवी नेतृत्वकर्ताओं में भी कम देखने को मिलती है। संभवत: चेन्नई के इस व्यक्ति में हमेशा से वे कुशलताएँ रही थीं और उन्हें फूलने–फलने के लिए केवल उपयुक्त स्थान और परिस्थिति की जरूरत थी, जो गूगल के रूप में उन्हें मिल गई!

□

भाग–2

उभरता सितारा

'(गूगल के) इस (पुनर्संयोजन और अल्फाबेट के निर्माण) का एक मूल हिस्सा स्वयं सुंदर पिचाई रहे हैं। सुंदर वही सब कह (कभी-कभी अधिक अच्छा!) रहे हैं, जो मैंने कहा होता, और उनके साथ मिलकर काम करने में मुझे अत्यधिक आनंद का अनुभव होता रहा है। पिछले वर्ष अक्तूबर से उन्होंने हमारे इंटरनेट बिजनेस के प्रोडक्ट और इंजीनियरिंग का कार्यभार सँभाल लिया है। उनकी तरक्की और कंपनी के प्रति उनके समर्पण को लेकर सर्गेई और मैं सचमुच बहुत उत्साहित रहा हूँ।'

—लैरी पेज

प्रौद्योगिकी व्यवसाय का बदलता परिदृश्य

'मेरा मानना है कि आविष्कार के विभिन्न क्षेत्रों में अब तक जो कुछ प्रगति हुई है, वह उस प्रगति के सामने कुछ भी नहीं है, जो वर्तमान सदी में हमें देखने को मिलने वाली है। मेरी तो इच्छा यही है कि उन चमत्कारों को अपनी आँखों के सामने देखने के लिए एक बार फिर से जन्म लूँ।'

—चार्ल्स हॉलैंड ड्यूल

चार्ल्स ड्यूल, जो वर्ष 1898 से 1901 तक यू.एस. के पेटेंट एंड ट्रेडमार्क्स विभाग में कमिश्नर थे, का वक्तव्य इस सदी के सबसे लोकप्रिय और गलत ढंग से उद्धृत वक्तव्यों में से एक है। चीनी आलोचकों की बातें करें

तो ड्यूल को गलत ढंग से यह कहते हुए उद्धृत किया गया है कि 'जो कुछ आविष्कार हो सकता था, वह हो चुका है।' जबकि कमिश्नर ने ऐसा नहीं कहा था। वर्ष 1902 में इस वक्तव्य के माध्यम से यह कहना चाहा था कि जो कुछ बदलाव और नए आविष्कार हो रहे हैं या हुए हैं, उनसे वह उत्साहित हैं। इसका अंदाजा इस बात से लगाया जा सकता है कि अमेरिका में वर्ष 1837 में पेटेंटों की कुल संख्या 435 थी, जो 1899 में बढ़कर 25,527 हो गई। ड्यूल जानते थे कि दुनिया में खोजों और आविष्कारों की प्रक्रिया चरम पर है और उसके सामने अतीत में हुई अब तक की प्रगति प्राइमरी स्कूल के साइंस प्रोजेक्ट्स से ज्यादा कुछ नहीं दिखाई देती।

वर्ष 1990 का अतुल्य दशक

ड्यूल की अतुल्य दूरदर्शिता आने वाले वर्षों में बाहर निकल कर आई थी। उदाहरण के लिए, '90 के दशक ने प्रौद्योगिकी और लोगों पर पड़नेवाले उसके प्रभावों के प्रति हमारा नजरिया बदलकर रख दिया। वर्ष 1993 में माइक्रोसॉफ्ट ने विंडोज एन.टी. शुरू किया, जिससे एम.एस.-डॉस और विंडोज के लिए रास्ता तैयार हुआ। एप्पल इंकॉरपोरेटेड ने अपना पर्सनल डिजिटल एसिस्टेंट (पी.डी.ए.) बाजार में उतारा, जो उसके न्यूटन प्रोजेक्ट का एक हिस्सा था। बाद में एप्पल और माइक्रोसॉफ्ट—दोनों ही गूगल और सुंदर पिचाई के लिए सबसे बड़े प्रतिस्पर्धी साबित हुए।

वर्ष 1993 में माइक्रोसॉफ्ट ने विंडोज एन.टी. शुरू किया, जिससे एम.एस.-डॉस और विंडोज के लिए रास्ता तैयार हुआ। एप्पल इंकॉरपोरेटेड ने अपना पर्सनल डिजिटल एसिस्टेंट (पी.डी.ए.) बाजार में उतारा, जो उसके न्यूटन प्रोजेक्ट का एक हिस्सा था।

वर्ष 1994 में वॉल स्ट्रीट स्थित एक शीर्ष इन्वेस्टमेंट कंपनी डी.ई. शॉ में काम करनेवाले एक व्यक्ति, जिसका नाम जैफ बेजॉस था, ने नौकरी छोड़ दी और अपनी स्वयं की कंपनी शुरू करने

के लिए सिएटल आ गया। चार साल पहले ही उसे डी.ई. शॉ में सबसे कम उम्र के वी.पी. (वाइस प्रेसीडेंट) के रूप में नामित किया गया था। डी.ई. शॉ से निकलकर उसने 'अमेजन डॉट कॉम' की स्थापना की। डीई शॉ का यह नुकसान दुनिया के लिए एक वरदान सिद्ध हुआ। बेजॉस ने अमेजन नदी के नाम पर अपनी कंपनी का यह नाम रखा था। वह वेब द्वारा उपलब्ध कराए गए अवसरों को और बढ़ाना चाहते थे। बेजॉस अपनी नव-निर्मित कंपनी 'अमेजन' डॉट कॉम को सबसे बड़ा ऑनलाइन स्टोर और अमेजन नदी की तरह ही सबसे खास बनाना चाहते थे। वर्ष 1997 में लैरी पेज और सर्गेई ब्रिन ने गूगल डॉट कॉम को पंजीकृत कराया। इसी साल जैफ बेजॉस ने 18 रुपए प्रति शेयर के हिसाब से नैस्डेक पर अमेजन का इनीशियल पब्लिक ऑफरिंग (आई.पी.ओ.) जारी किया। आज अगर क्लाउड कंप्यूटिंग सेवाओं की बात करें तो गूगल और सुंदर पिचाई के लिए अमेजन एक प्रमुख प्रतिद्वंद्वी के रूप में खड़ा है।

बेजॉस ने अमेजन नदी के नाम पर अपनी कंपनी का यह नाम रखा था। वह वेब द्वारा उपलब्ध कराए गए अवसरों को और बढ़ाना चाहते थे।

अगस्त 1991 में वर्ल्ड वाइड वेब बाजार में सार्वजनिक रूप से उपलब्ध हो गया। वर्ल्ड वाइड वेब की आधारशिला उस कार्य में निहित थी, जो टिम बर्नर्स ली ने परमाणु अनुसंधान के लिए यूरोपीय संगठन सी.ई.आर.एन. में 1980 के दशक में किया था, लेकिन बाद में इसे हाइपरटेक्स्ट लिंक्स के जरिए जुड़े दस्तावेजों के वर्ल्ड वाइड वेब का एक व्यापक प्रपोजल बना दिया गया। वर्ष 1990 में बर्नर्स ली नेक्स्ट द्वारा निर्मित एक कंप्यूटर पर काम कर रहे थे। नेक्स्ट की स्थापना स्टीव जॉब्स ने '80 के दशक के मध्य में 'एप्पल' से नौकरी छोड़ने के बाद की थी। नेक्स्ट कंप्यूटर पर ही बर्नर्स ली ने पहला वेब ब्राउजर सॉफ्टवेयर विकसित किया था, जिसे उन्होंने 'वर्ल्ड वाइड वेब' नाम दिया था। वर्ष 1993 में सी.ई.आर.एन. ने घोषणा कर दी कि इसे कोई भी

मुफ्त में इस्तेमाल और विकसित कर सकता है। मोजेक जो लोगों में लोकप्रिय होनेवाला पहला ग्राफिकल वेब ब्राउजर था, से प्रेरणा लेकर 'नेटस्केप नेविगेटर' के नाम से पहला कॉमर्शियल वेब ब्राउजर विकसित किया गया। साथ ही, मोजेक की ही टेक्नोलॉजी के आधार पर माइक्रोसॉफ्ट का इंटरनेट एक्सप्लोरर भी विकसित किया गया। अब उसके कई वर्ष बाद गूगल के सुंदर पिचाई ने उनके स्थान पर क्रोम को लोगों का पसंदीदा वेब ब्राउजर बनाने का जिम्मा सँभालने वाला था।

वर्ष 1997 में लैरी और सर्गेई ने गूगल डॉट कॉम को एक डोमेन के रूप में पंजीकृत करा लिया। यह नाम उन्होंने 'गूगोल' शब्द से लिया था, जिसका प्रयोग गणित में 1 के पीछे लगे सौ शून्य वाली संख्या के लिए किया जाता है।

वर्ष 1997 में लैरी और सर्गेई ने गूगल डॉट कॉम को एक डोमेन के रूप में पंजीकृत करा लिया। यह नाम उन्होंने 'गूगोल' शब्द से लिया था, जिसका प्रयोग गणित में 1 के पीछे लगे सौ शून्य वाली संख्या के लिए किया जाता है। यह नाम इस बात की ओर संकेत करता है कि इसे लेकर लैरी पेज और सर्गेई ब्रिन का मिशन वेब पर असीमित जानकारियाँ उपलब्ध कराना है।

वर्ष 2000 का अद्‍भुत दशक

2004 का वर्ष सुंदर पिचाई और गूगल, जिसके वह सी.ई.ओ. बनने वाले थे, दोनों के लिए एक नई शुरुआत का वर्ष रहा। प्रौद्योगिकी विकास के क्षेत्र में नई सहस्राब्दी का पहला दशक बीते दशक की अपेक्षा कहीं ज्यादा उत्साहवर्धक रहा।

परंतु शुरुआत बहुत अच्छी नहीं रही थी। मार्च 2000 में डॉट कॉम का बाजार चरम पर था, जो नैस्डेक पर 5,132 प्वॉइंट पर पहुँच गया था। लेकिन जल्दी ही यह बुलबुला फूट गया, जिससे प्रौद्योगिकी व्यवसाय को 5 ट्रिलियन डॉलर्स से भी ज्यादा का नुकसान हुआ। सैकड़ों नई-नई कंपनियाँ और कई

ब्लू चिप निवेशक अपना सारा-का-सारा पैसा गँवा बैठे।

वर्ष 2001 में विकिपीडिया लॉन्च हुआ। इससे पहले 'न्यूपीडिया' एकमात्र उल्लेखनीय ऑनलाइन इंसाइक्लोपीडिया था, जिसे 'बोमिस' नामक एक वेब एडवरटाइजिंग कंपनी ने शुरू किया था और जिसका स्वामित्व जिम्मी वेल्स, टिम शेल एवं माइकल डेविस के पास था। न्यूपीडिया के एडीटर-इन-चीफ लैरी सैंगर ने 'न्यूपीडिया' के लिए फीडर के रूप में एक नया ऑनलाइन इंसाइक्लोपीडिया (जिसे बाद में 'विकिपीडिया' नाम दिया गया) शुरू करने के लिए वेल्स और अन्य पदाधिकारियों को तैयार कर लिया। 'न्यूपीडिया' में सामग्री की समीक्षा विशेषज्ञ संपादकों द्वारा की जाती थी, जबकि 'विकिपीडिया' में सामग्री ज्यादातर स्वयं विनियमित (सेल्फ-रेगुलेटेड) थी। देखते-ही-देखते विकिपीडिया न्यूपोडिया से आगे निकल गया। आज यह दुनिया की सातवीं सबसे लोकप्रिय वेबसाइट बन गई है, जिसे प्रतिमाह 50 करोड़ से भी ज्यादा लोग पढ़ते हैं।

वर्ष 2001 में विकिपीडिया लॉन्च हुआ। इससे पहले 'न्यूपीडिया' एकमात्र उल्लेखनीय ऑनलाइन इंसाइक्लोपीडिया था, जिसे 'बोमिस' नामक एक वेब एडवरटाइजिंग कंपनी ने शुरू किया था और जिसका स्वामित्व जिम्मी वेल्स, टिम शेल एवं माइकल डेविस के पास था।

2000 के दशक में आधार-सामग्री संकोचन (डाटा कंप्रेशन) में आई प्रगति से अब सूचना (इन्फॉर्मेशन) की कूटलेखन (इनकोडिंग) में पहले की अपेक्षा कम कूट-अक्षरों (बिट्स) का इस्तेमाल करना पड़ता था। संकोचन (कंप्रेशन) या तो दोषपूर्ण हो सकता है या फिर दोषरहित। दोषपूर्ण संकोचन गैर-जरूरी सूचना को हटाकर इस्तेमाल किए जानेवाले कूट-अक्षरों (बिट्स) की बचत करता है, जबकि दोषरहित संकोचन में सांख्यिकीय अतिरेकता (स्टैस्टिकल रेडुनडेंसी) को हटा दिया जाता है, जिससे कूट-अक्षरों (बिट्स) की संख्या कम हो जाती है। सरल शब्दों में बात करें, तो डाटा फाइल के

साइज को घटाने की प्रक्रिया 'डाटा कंप्रेशन' कहलाती है। जब वह डाटा ट्रांसमिट किया जाता है तो उसे स्रोत-कूटलेखन (सोर्स कोडिंग) कहा जाता है, जिसमें डाटा को स्टोर या ट्रांसमिट करने से पहले उसके स्रोत का कूटलेखन किया जाता है। डाटा कंप्रेशन की यह प्रगति 'म्यूजिक डाउनलोडिंग' में आई तेजी से जुड़ी थी, जिसके परिणामस्वरूप पोर्टेबल डिजिटल ऑडियो प्लेयर्स की बिक्री में भी अच्छी-खासी वृद्धि हो रही थी। इसके चलते एमपी3 प्लेयर्स की शुरुआत हुई और नवंबर 2001 में एप्पल ने अपना आईपॉड (iPod) बाजार में उतारा। अपनी स्टोरेज क्षमता और यूजर-फ्रेंडली इंटरफेस के कारण इसे एकदम से सफलता मिली।

वर्ष 2005 तक ऑनलाइन म्यूजिक की बिक्री दुनिया की कुल म्यूजिक बिक्री का 6 प्रतिशत हो गई। उसके बाद स्मार्टफोन और पी.एस.पी. (प्ले स्टेशन पोर्टेबल) जैसे उपकरणों (डिवाइसेज) में डिजिटल म्यूजिक के विकल्प (ऑप्शन) भी जोड़ दिए गए।

आईट्यून्स (iTunes) स्टोर की शुरुआत से तो एप्पल की किस्मत ही बदल गई, क्योंकि लाखों लोग गाने डाउनलोड करने के लिए लाइन में रहने लगे। वर्ष 2005 तक ऑनलाइन म्यूजिक की बिक्री दुनिया की कुल म्यूजिक बिक्री का 6 प्रतिशत हो गई। उसके बाद स्मार्टफोन और पी.एस.पी. (प्ले स्टेशन पोर्टेबल) जैसे उपकरणों (डिवाइसेज) में डिजिटल म्यूजिक के विकल्प (ऑप्शन) भी जोड़ दिए गए। इस प्रकार डाटा कंप्रेशन से कई डिजिटल सेवाओं के लिए रास्ता तैयार हुआ और प्रौद्योगिकी के क्षेत्र में एप्पल, गूगल, अमेजन तथा माइक्रोसॉफ्ट जैसी बड़ी-बड़ी कंपनियों के लिए पूरा परिदृश्य ही बदल गया।

2000 के दशक की शुरुआत में 'फ्लैश' का प्रयोग वेब पेज के डिस्प्ले और ऑनलाइन गेम खेलने के लिए किया जाता था। फ्लैश टेक्नोलॉजी में संवर्धन से वीडियो प्लेयर्स विकसित करने में मदद मिली। उसके बाद वर्ष

2005 में नई-नई शुरू हुई यू-ट्यूब (YouTube) ने फ्लैश प्लेयर्स का प्रयोग वेब पर कंप्रेस्ड वीडियो कंटेंट के डिस्प्ले के लिए करना शुरू कर दिया। वर्ष 2007 में यू-ट्यूब ने एच.टी.एम.एल.-5 फॉर्मेट में वीडियो निकाले, जो एप्पल के आईफोन (iPhone) और आईपैड (iPad) को सपोर्ट करते थे, लेकिन फ्लैश प्लेयर को सपोर्ट नहीं करते थे। अक्तूबर 2006 में गूगल ने एक संपूर्ण स्वामित्व सौदा (ऑल स्टॉक डील) के तहत 1.65 अरब डॉलर में यू-ट्यूब को खरीद लिया। उस समय अफवाह थी कि यू-ट्यूब ने अधिग्रहण के लिए याहू (याहू!) के साथ प्रतिस्पर्धा की थी।

सितंबर 2008 में एक फ्रीवेयर वेब ब्राउजर के रूप में गूगल क्रोम (Google Chrome) अस्तित्व में आया। जुलाई 2009 में गूगल का ऑपरेटिंग सिस्टम क्रोम ओ.एस. लॉञ्च हुआ, जिसमें एप्लीकेशंस और यूजर डाटा-दोनों ही 'क्लाउड' में रहते हैं।

ऑपरेटिंग सिस्टम (ओ.एस.) के मामले में माइक्रोसॉफ्ट का विंडोज एक्स.पी. (Microsoft Xp) और माइक्रोसॉफ्ट ऑफिस 2003 एक तरह से इंडस्ट्री का मानक बन गया। ब्राउजर की बात करें तो माइक्रोसॉफ्ट का 'इंटरनेट एक्सप्लोरर' सबसे आगे रहा। हालाँकि मोजिला कॉरपोरेशन के फ्री और ओपन सोर्स ब्राउजर फायरफॉक्स (Firefox) की ओर से उसे अच्छी-खासी टक्कर मिली। बाद के वर्षों में सुंदर पिचाई को लगने लगा कि अगर गूगल माइक्रोसॉफ्ट के इंटरनेट एक्सप्लोरर पर निर्भर रहा तो वह सर्च से होनेवाले राजस्व का अपना स्रोत खो बैठेगा। इस विषय पर पुस्तक में आगे हम विस्तार से चर्चा करेंगे। अभी इतना जान लिया जाए कि इसी सोच से प्रेरित होकर गूगल और पिचाई ने अपने ब्राउजर पर काम तेज कर दिया। परिणामस्वरूप, सितंबर 2008 में एक फ्रीवेयर वेब ब्राउजर के रूप में गूगल क्रोम (Google Chrome) अस्तित्व में आया। जुलाई 2009 में गूगल का ऑपरेटिंग सिस्टम क्रोम ओ.

एस. लॉञ्च हुआ, जिसमें एप्लीकेशंस और यूजर डाटा—दोनों ही 'क्लाउड' में रहते हैं। इसका मतलब हुआ कि कंप्यूटर खोलने के बाद मात्र कुछ सेकंड के अंदर आप इंटरनेट से कनेक्ट हो सकते हैं। महत्त्वपूर्ण बात यह थी कि उस समय दुनिया भर में ब्रॉडबैंड इंटरनेट का प्रयोग बहुत बढ़ गया था। वर्ष 2000 में यह यू.एस. के कुल इंटरनेट उपयोग का मात्र 6 प्रतिशत था, जो वर्ष 2010 तक बढ़कर 80 प्रतिशत तक पहुँच गया। वस्तुतः उस समय ब्रॉडबैंड इंटरनेट को हाई क्वालिटी इंटरनेट ब्राउजिंग के लिए एक मानदंड के रूप में देखा जाता था। इंटरनेट सेवाओं से जुड़ी किसी भी कंपनी के लिए यह बात निश्चित रूप से महत्त्वपूर्ण थी। गूगल, जिसके राजस्व का प्राथमिक स्रोत इंटरनेट सर्च हुआ करता था, इस रुझान की अनदेखी नहीं कर सकता था। माइक्रोसॉफ्ट या अमेजन भी इसकी अनदेखी नहीं कर सकते थे।

'90 के दशक में इंटरनेट तक पहुँचने के लिए डायल-अप कनेक्शन ही एकमात्र तरीका हुआ करते थे; लेकिन 2000 के दशक में ब्रॉडबैंड लोगों की पसंद बन गया। विकसित देशों से शुरू होकर यह प्रवृत्ति कई अन्य देशों में भी पहुँच गई।

इस दौरान एक और महत्त्वपूर्ण बात यह थी कि ब्रॉडबैंड स्पीड में तेजी से बदलाव आ रहा था। '90 के दशक में इंटरनेट तक पहुँचने के लिए डायल-अप कनेक्शन ही एकमात्र तरीका हुआ करते थे; लेकिन 2000 के दशक में ब्रॉडबैंड लोगों की पसंद बन गया। विकसित देशों से शुरू होकर यह प्रवृत्ति कई अन्य देशों में भी पहुँच गई।

ब्रॉडबैंड के लिए आवश्यक स्पीड 4 मेगाबिट/सेकंड होनी चाहिए। वर्ष 2014 तक वैश्विक स्तर पर औसत कनेक्शन स्पीड 4.6 मेगाबिट/सेकंड थी। यू. एस. में औसत स्पीड 11.4 मेगाबिट/सेकंड थी, जबकि दक्षिण कोरिया और हांगकांग क्रमशः 24.6 मेगाबिट/सेकंड और 15.7 मेगाबिट/सेकंड की औसत स्पीड के साथ ब्रॉडबैंड इंटरनेट स्पीड के मामले में शीर्ष पर थे। संयुक्त अरब अमीरात में यह स्पीड 4.6 मेगाबिट/सेकंड और उरुग्वे में 5.6

मेगाबिट/सेकंड थी। एक अच्छी बात यह है कि ज्यादातर देशों में इंटरनेट स्पीड हर साल 25 से 50 प्रतिशत तक की वृद्धि दर्ज कर रही है। इंटरनेट-सक्षम व्यवसायों पर इसके प्रभाव को चूक बहुत अधिक कठिन नहीं है। इससे गूगल और सुंदर पिचाई को दुनिया भर के लोगों तक, चाहे वे कहीं हों या किसी सामाजिक स्तर हों, इंटरनेट-सक्षम सेवाएँ उपलब्ध कराने के अपने लक्ष्य को पूरा करने में मदद मिलेगी। हर कोई, जिसके पास स्मार्टफोन या बेसिक इंटरनेट-सक्षम लैपटॉप या फिर डेस्कटॉप है, वह उसी तरह विभिन्न प्रकार की जानकारियाँ प्राप्त कर सकेगा, जिस तरह विकसित देशों के करोड़पतियों या हॉर्वर्ड में बैठे प्रोफेसरों को मिल रही हैं।

वर्ष 2006 में ट्विटर लॉञ्च हुआ, जो सूचनाओं को साझा करने का सबसे बड़ा प्लेटफॉर्म बन गया। इवान विलियम्स, जैक डोर्सी और नोह ग्लास द्वारा स्थापित यह कंपनी दुनिया की शीर्ष दस वेबसाइटों में शामिल हो गई, जिसे सबसे ज्यादा लोग विजिट करते हैं।

वर्ष 2003 में एक ऐसी घटना हुई, जिसने लोगों के एक-दूसरे के साथ कार्य-व्यवहार का तरीका ही बदल दिया। यह घटना थी—सोशल मीडिया की शुरुआत। मायस्पेस (Myspace), जो क्रिस डिवोल्फ और टॉम एंडरसन द्वारा स्थापित किया गया था, वर्ष 2008 तक दुनिया की सबसे बड़ी सोशल नेटवर्किंग साइट बनी रही। उसके बाद फेसबुक (Facebook) इससे आगे निकल गया। मायस्पेस डॉट कॉम के लॉञ्च के साथ ही जनवरी 2004 में गूगल ने ऑर्कुट (Orkut) लॉञ्च किया। गूगल के एक कर्मचारी ऑर्कुट बुयुक्कोटन के नाम पर इस सेवा का नाम 'ऑर्कुट' रखा गया था। यू.एस.ए., जापान, ब्राजील और भारत में यह बहुत लोकप्रिय हुआ। एक महीने बाद ही मार्क जुकरबर्ग ने फेसबुक शुरू किया, जिसने ऑर्कुट को भी पीछे छोड़ दिया। वर्ष 2015 तक फेसबुक इ-बे (eBay) और अमेजन (Amazon) से आगे बना रहा। इससे आगे सिर्फ तीन अमेरिकी वेब कंपनियाँ थीं—गूगल,

माइक्रोसॉफ्ट और एप्पल। साथ ही, यह एस एंड पी 500 सूचकांक में सबसे तेजी से बढ़ती कंपनी थी, जो 250 अरब डॉलर की बाजार पूँजीकरण पर पहुँच गई थी। वर्ष 2006 में ट्विटर लॉन्च हुआ, जो सूचनाओं को साझा करने का सबसे बड़ा प्लेटफॉर्म बन गया। इवान विलियम्स, जैक डोर्सी और नोह ग्लास द्वारा स्थापित यह कंपनी दुनिया की शीर्ष दस वेबसाइटों में शामिल हो गई, जिसे सबसे ज्यादा लोग विजिट करते हैं। इसके अलावा, लिंक्डइन (Linkedin), पिंटरेस्ट (Pinterest), टंबलर (Tumbler) और फ्लिकर (Flicker) जैसी साइटों ने सोशल नेटवर्किंग के चलन को आगे बढ़ाने में मदद की। इन वेबसाइटों के माध्यम से विज्ञापनदाताओं को अपने विज्ञापन ज्यादा-से-ज्यादा लोगों तक पहुँचाने का अवसर तो मिल ही रहा है, साथ ही वेबसाइटों को राजस्व का एक स्रोत भी मिल रहा है। तो, यह कोई आश्चर्य की बात नहीं है कि विज्ञापन के क्षेत्र में अपने हिस्से की दावेदारी के लिए आज फेसबुक या ट्विटर की टक्कर गूगल से है। इन साइटों द्वारा उपलब्ध कराए जा रहे डाटा का लाभ उठाने के लिए जरूरी हो गया है कि प्रौद्योगिकी और गैर-प्रौद्योगिकी, दोनों तरह की कंपनियाँ उसके अनुसार अनुप्रयोगों (एप्लीकेशन्स/एप्प) के प्रकार और रणनीतियों को अपनाएँ।

2000 के दशक में ही कई और घटनाक्रम भी हुए, जिनका गूगल और उसकी समकक्ष कंपनियों पर व्यापक प्रभाव पड़ा। इससे एक ओर कुछ नई चुनौतियाँ भी सामने आईं।

2000 के दशक में ही कई और घटनाक्रम भी हुए, जिनका गूगल और उसकी समकक्ष कंपनियों पर व्यापक प्रभाव पड़ा। इससे एक ओर कुछ नई चुनौतियाँ भी सामने आईं। इस मामले में कोई एक रणनीति ज्यादा लंबे समय तक कामयाब नहीं रह सकती, क्योंकि प्रवृत्तियाँ इतनी तेजी से बदलती हैं कि कुछ कहा नहीं जा सकता कि कब क्या हो जाए। ऐसे में जो कंपनियाँ सहकार्यता (कोलेबारेशन) और नई प्रौद्योगिकी को शुरू में ही अपनाने की दिशा में काम कर रही हैं और जो या तो मूलरूप से या फिर फिर निगमित

कार्यवाहियों से अपने आप का फिर से आविष्कार करना चाहती है या अपने प्रारूप (मॉडल) को फिर गढ़ना चाहती हैं, उनके लिए कामयाबी के बेहतर अवसर मौजूद होंगे।

अब, देखना यह है कि सुंदर पिचाई के नेतृत्व में गूगल इसमें कितना सफल हो पाता है और प्रौद्योगिकी क्षेत्र का कौन सा खिलाड़ी सबसे आगे रहता है, जिस पर गूगल मुख्यालय के निवासियों सहित सभी की निगाहें टिकी हुई हैं।

गूगल में आगमन

'(रास्ते की) बाधाओं और मुश्किलों को पार करते हुए भी व्यक्ति अपने लक्ष्य या मंजिल तक पहुँचने में सफलता प्राप्त कर सकता है।'

—क्रिस्टोफर कोलंबस

वर्ष 2004 की बात है। सुंदर पिचाई ने जब मैकेंजी छोड़कर गूगल ज्वॉइन किया, उससे पहले ही फेसबुक और ऑर्कुट लॉन्च हो चुके थे। कोलंबस की उपर्युक्त पंक्तियाँ यहाँ चरितार्थ होती हैं, क्योंकि वर्षों की कड़ी मेहनत और बड़ी-बड़ी मुश्किलों को पार करने के बाद जाकर सुंदर पिचाई उस मुकाम तक पहुँचे थे, जहाँ वह अपने सपनों को साकार होते देख सकते थे।

कोलंबस की उपर्युक्त पंक्तियाँ यहाँ चरितार्थ होती हैं, क्योंकि वर्षों की कड़ी मेहनत और बड़ी-बड़ी मुश्किलों को पार करने के बाद जाकर सुंदर पिचाई उस मुकाम तक पहुँचे थे, जहाँ वह अपने सपनों को साकार होते देख सकते थे।

पिचाई के गूगल में आने के साथ ही कंपनी ने 1 अप्रैल, 2004 को जी-मेल (Gmail) के नाम से एक मुफ्त इ-मेल सेवा शुरू की। चूँकि इसकी शुरुआत 1 अप्रैल यानी 'ऑल फूल्स डे' पर की गई थी, इसलिए पिचाई को

इसकी कामयाबी पर आधा ही विश्वास था; लेकिन जब जी-मेल अन्य लोकप्रिय इ-मेल सेवाओं से आगे निकल गया, तब उन्हें लगा कि उनकी सोच गलत थी। शुरू-शुरू में इसे एक बीटा वर्जन (परीक्षण संस्करण) के रूप में शुरू किया गया था और कुछ समय तक इसका प्रयोग सिर्फ गूगल के कर्मचारी ही करते थे। अप्रैल 2004 में इसे केवल-आमंत्रण (इनविटेशन ओनली) आधार पर सार्वजनिक रूप से उपलब्ध बनाया गया। तीन वर्ष बाद फरवरी 2007 में जी-मेल की सेवाएँ व्यापक स्तर पर सार्वजनिक रूप से खोल दी गईं। अप्रैल 2007 में इसका स्टेटस 'बीटा' से अपग्रेड कर दिया गया। शुरू में यह अपने प्रयोगकर्ताओं को 1 जी.बी. का मुफ्त स्पेस देता था, जबकि याहू (Yahoo!) और हॉटमेल 2 एम.बी. की स्टोरेज कैपेसिटी मुफ्त दे रहे थे। इस कारण प्रतिस्पर्धी कंपनियाँ अपने ग्राहकों को ज्यादा स्पेस उपलब्ध कराने के लिए बाध्य थीं। हॉटमेल और याहू ने अपने नए जुड़ रहे ग्राहकों को क्रमशः 1 जीबी और 2 जीबी स्पेस देने का प्रस्ताव किया था। हालाँकि इन दोनों ही लोकप्रिय मेल सेवाओं के अधिकांश ग्राहकों को कुल मिलाकर 100 से 200 एमबी की मुफ्त स्टोरेज क्षमता से ही संतोष करना पड़ रहा था। अब मेल सेवाओं के बाजार में जी-मेल के उतरने से याहू और हॉटमेल को भी अपने इ-मेल अंतराफलकों (इंटरफेस) को भी उन्नत बनाना पड़ा। (वस्तुतः यही वह क्षेत्र है, जिसे जी-मेल की कमजोरी समझा जाता है)। हालाँकि इस सेवा के वफादार ग्राहकों की संख्या पर्याप्त है, लेकिन कुछ

जी-मेल उपयोगकर्ता के वेब ब्राउजर में अपने इंटरफेस को ज्यादा अपग्रेड कर सकता है। वर्ष 2014 में किए गए एक अध्ययन के अनुसार, यू.एस. में मध्यम आकार के 60 प्रतिशत संगठन जी-मेल के उपयोगकर्ता थे। इसके साथ ही जी-मेल गूगल प्ले स्टोर पर एंड्रॉइड डिवाइसेस पर 1 अरब इंस्टॉलेशन के आँकड़े पर पहुँचनेवाला पहला एप्प (एप्लीकेशन) बन गया था।

उपयोगकर्ता संदेह करते हैं कि जी-मेल उपयोगकर्ता के वेब ब्राउजर में अपने इंटरफेस को ज्यादा अपग्रेड कर सकता है। वर्ष 2014 में किए गए एक अध्ययन के अनुसार, यू.एस. में मध्यम आकार के 60 प्रतिशत संगठन जी-मेल के उपयोगकर्ता थे। इसके साथ ही जी-मेल गूगल प्ले स्टोर पर एंड्रॉइड डिवाइसेस पर 1 अरब इंस्टॉलेशन के आँकड़े पर पहुँचनेवाला पहला एप्प (एप्लीकेशन) बन गया था।

दिलचस्प बात यह है कि जी-मेल संभवत: गूगल का पहला ऐसा लॉन्च है, जो कंपनी के लिए एक झोल साबित हुआ। जी-मेल के लॉन्च से पहले तक लैरी पेज और सर्गेई ब्रिन अपने सब उत्पादों, जिनमें सर्च सबसे महत्त्वपूर्ण था, के प्रति प्रयोगकर्ताओं को आकर्षित करने में सक्षम थे। जी-मेल की कहानी इससे अलग हो गई। शुरू में गूगल की टीम को लगा था कि उनका यह प्रोडक्ट बहुत अच्छा है। पहले जी-मेल का प्रयोग गूगल के कर्मचारियों द्वारा ही किया जा रहा था। बाद में लगभग 100 चुने हुए प्रयोगकर्ताओं को इसे आजमाने का मौका दिया गया। बाद में इन संतुष्ट ग्राहकों को अपने परिवार के सदस्यों और दोस्तों के लिए एक सीमित संख्या में एकाउंट रखने का मौका दिया गया। प्रोडक्ट के बीटा टेस्ट का यह एक अच्छा तरीका था। वैसे भी, प्रयोगकर्ताओं की संख्या सीमित रखने से अनुमान लगाना आसान था।

गूगल अगर जी-मेल लॉन्च करने के बाद अपने 'टेक्स्ट एड' मॉडल की सफलता को उसके सर्च बिजनेस में आजमाने की गलती नहीं करता तो सबकुछ बिल्कुल ठीक चलता रहता। गूगल की सफलता को देखनेवाले लोगों को याद होगा कि सर्च बिजनेस में गूगल एकमात्र ऐसा खिलाड़ी था, जो अपने

गूगल की सफलता को देखनेवाले लोगों को याद होगा कि सर्च बिजनेस में गूगल एकमात्र ऐसा खिलाड़ी था, जो अपने प्रयोगकर्ताओं को बेकार के बैनर विज्ञापनों से तंग नहीं करता था। साथ ही, वह विज्ञापनदाताओं को ज्यादा हस्तक्षेप का मौका भी नहीं देता था।

प्रयोगकर्ताओं को बेकार के बैनर विज्ञापनों से तंग नहीं करता था। साथ ही, वह विज्ञापनदाताओं को ज्यादा हस्तक्षेप का मौका भी नहीं देता था। गूगल छोटे टेक्स्ट (सामग्री) वाले विज्ञापनों को सर्च रिजल्ट के बगल में देने के लिए ओवरच्योर इंक का मॉडल अपनाकर जरूर चल रहा था, लेकिन वह ओवरच्योर के भुगतान किए गए विज्ञापन को विशेष महत्त्व देने के अनैतिक तरीके में विश्वास नहीं करता था। यह उसकी एक खूबी थी। व्यवसाय के इस नैतिक और निष्पक्ष तरीके के लिए डैनी सुलिवान जैसे इंटरनेट विशेषज्ञों ने गूगल की सराहना की और प्रयोगकर्ताओं को भी उसका यह तरीका अच्छा लग रहा था, क्योंकि उन्हें बेकार के विज्ञापनों में नहीं उलझना पड़ता था। और गूगल की ओर से अगर कोई प्रायोजित लिस्टिंग दी जाती थी तो उस पर साफ-साफ उल्लेख होता था—'प्रायोजित' (स्पोंसर्ड)। इससे भी महत्त्वपूर्ण बात यह थी कि यह प्रायोजित लिस्टिंग ऐसी होती थी, जो प्रयोगकर्ताओं के लिए उपयोगी होती थी। यह गूगल के विज्ञापन राजस्व में करोड़ों के आने की शुरुआत थी।

जी-मेल प्रयोगों के दौर से आगे बढ़ चुका है, जिनमें हमारी विज्ञापन लक्ष्य की रणनीति शामिल थी। हमने कुछ टेक्चुअल विश्लेषण किए और उनके आधार पर इसे कार्य में सक्षम बनाया।

परंतु ग्राहक-केंद्रित सोच रखनेवाले गूगल के संस्थापकों ने गूगल के साथ एक बहुत बड़ी गलती कर दी। उन्होंने सोचा कि 'सर्च' के संदर्भ में जो रणनीति कारगर रही है, वह जी-मेल के संदर्भ में भी उसी तरह कारगर होगी। इसी सोच के साथ गूगल ने टेक्स्ट यानी पाठ्य सामग्रीवाले विज्ञापनों को जी-मेल के दाईं तरफ रखकर मॉडल अपनाने का निर्णय लिया। बिजनेस और प्रयोगकर्ताओं के फायदे के लिए गूगल ने दावा किया कि वह उपयोगी या प्रासंगिक विज्ञापन ही देगा। इससे गूगल का क्या अभिप्राय था, इसका खुलासा गूगल के इंजीनियरिंग डिवीजन के वाइस प्रेसीडेंट वेन रोजिंग ने जी-मेल के लॉन्च के समय ही कर दिया था। रोजिंग ने एक साक्षात्कार में कहा था, ''जी-मेल प्रयोगों के दौर से आगे बढ़ चुका है, जिनमें हमारी विज्ञापन लक्ष्य

की रणनीति शामिल थी। हमने कुछ टेक्चुअल विश्लेषण किए और उनके आधार पर इसे कार्य में सक्षम बनाया।''

इस घोषणा से याहू और एम.एस.एन. जैसे खिलाड़ियों के पसीने छूटने लगे थे, लेकिन इसके पास बहुत सारे लोग थे, जिनमें राजनेता और नियमित प्रयोगकर्ता भी शामिल थे। लोगों को यह बात पसंद नहीं आ रही थी कि गूगल उनके निजी मेल संदेशों में ताक-झाँक करे और उसके अनुसार प्रासंगिक विज्ञापन उन तक पहुँचाए। गूगल की तुलना 'बिग ब्रदर' से की जाने लगी और देखते-ही-देखते लोगों में ऐसी धारणा बन गई, जिसने गूगल की एक 'मासूम खिलाड़ी' की छवि को बिगाड़ दिया। अंततः गूगल ने स्वयं को इस मुश्किल से उबार लिया और उसने जी-मेल को सर्च के बाद अपनी दूसरी सबसे बड़ी सफलता बना लिया।

वर्ष 2004 में जब सुंदर पिचाई ने गूगल ज्वॉइन किया था, उस समय एरिक शिमट गूगल के सी.ई.ओ. थे। उनके रूप में पेज और ब्रिन को गूगल के लिए एक योग्य व्यक्ति मिल गया था, जो नोवेल (Novell) का पूर्व सी.ई.ओ. और चेयरमैन था। उस समय पेज ने अपने पद से उतरने का फैसला किया था।

वर्ष 2004 में जब सुंदर पिचाई ने गूगल ज्वॉइन किया था, उस समय एरिक शिमट गूगल के सी.ई.ओ. थे। उनके रूप में पेज और ब्रिन को गूगल के लिए एक योग्य व्यक्ति मिल गया था, जो नोवेल (Novell) का पूर्व सी.ई.ओ. और चेयरमैन था।

अनेक प्रोडक्ट मैनेजरों में से एक के रूप में गूगल ज्वॉइन करने के बाद पिचाई की शुरुआती जिम्मेदारी सर्च और उपभोक्ता उत्पाद, जैसे—गूगल टूलबार, आई गूगल (iGoogle) और डेस्कटॉप सर्च से जुड़ी थी। पिचाई की महत्त्वाकांक्षा और उत्साह को देखते हुए इसे एक आदर्श शुरुआत नहीं कहा जा सकता था। वह एक प्रोडक्ट मैनेजर थे और गूगल के मध्यम स्तरीय प्रबंधन से निचले पायदान पर थे; और जिन उत्पादों की जिम्मेदारी उन्हें दी

गई थी, वे कोई ऐसे उत्पाद नहीं थे, जिनके बारे में पूर्व-छात्रों बैठकों या सम्मेलनों में सीना तानकर कुछ कहा जा सकता।

परंतु पिचाई को मुश्किलों और चुनौतियों को अवसर के रूप में बदलने के लिए जाना जाता रहा है। 'गूगल टूलबार' के मामले में उन्होंने ऐसा करके भी दिखा दिया।

शीर्ष तक पहुँचने की तैयारी

असाधारण अवसर के आने का इंतजार मत करो। साधारण अवसरों को पकड़ो और उन्हें ही असाधारण बना लो। दुर्बल लोग ही अवसरों की प्रतीक्षा करते हैं; (मन की) शक्ति रखनेवाले लोग तो (अपने लिए) अवसर स्वयं तैयार कर लेते हैं।

—ओरिसन स्वेट मार्डेन

गूगल ज्वॉइन करने के पीछे पिचाई का मकसद भी संभवतः वही रहा था, जो यह संगठन ज्वॉइन करनेवाले कई अन्य उच्च श्रेणी की संभाव्यता रखनेवाले लोगों का था। संभवतः प्रौद्योगिकी के माध्यम से दुनिया को बदलने का उद्देश्य लेकर ही उन्होंने यह कंपनी ज्वॉइन की थी।

प्रौद्योगिकी के माध्यम से दुनिया को बदलने का उद्देश्य लेकर ही उन्होंने यह कंपनी ज्वॉइन की थी। परंतु इससे पहले उन्हें एक बिल्कुल ही अलग तरह का काम करना था

परंतु इससे पहले उन्हें एक बिल्कुल ही अलग तरह का काम करना था—ऐसा काम, जो दुनिया को बदलने जितना महत्त्वपूर्ण तो नहीं था, लेकिन गूगल की उत्तरजीविता के लिए जरूर महत्त्वपूर्ण था, और इसकी शुरुआत हुई गूगल टूलबार से।

टूलबार महत्त्वपूर्ण था, क्योंकि इसकी मदद से ही गूगल इंटरनेट एक्सप्लोरर और फायरफॉक्स पर अपने सर्च इंजन को डिफॉल्ट ऑप्शन बना

सका। माइक्रोसॉफ्ट की आक्रामकता के बावजूद गूगल क्रोम को अस्तित्व में लाने और उसे सफल बनाने में पिचाई की भूमिका ने उन्हें चर्चा का केंद्र बना दिया था। एरिक श्मिट शुरू में ब्राउजर के पक्ष में नहीं थे। उन्हें इस बात में कोई औचित्य नहीं दिखाई दे रहा था कि जो प्रोडक्ट बाजार में अच्छा चल रहा है, उसकी नकल निकाली जाए, लेकिन पिचाई इसे अलग नजरिए से देख रहे थे। उनका तर्क था कि किसी दिन माइक्रोसॉफ्ट इंटरनेट एक्सप्लोरर पर गूगल के डिफॉल्ट सर्च इंजन की जगह पर अपना सर्च इंजन डाल सकता है। इस प्रकार कुछ समय तक दोनों ही पक्ष अपने-अपने तर्क पर कायम रहे। पिचाई की काम करने की शैली अलग थी। इसमें जल्दबाजी से काम करने की बजाय श्मिट और अन्य संबंधित लोगों को विश्वास में लेने के लिए सही अवसर का इंतजार करना ही उन्हें बेहतर लगा।

अंततः अप्रैल 2006 में क्रोम प्रोजेक्ट को श्मिट का अनुमोदन मिल गया। इसके छह माह बाद ही बिल गेट्स के नेतृत्ववाली माइक्रोसॉफ्ट कंपनी ने अचानक ही गूगल की पूरी दुनिया हिलाकर रख दी 18 अक्तूबर, 2006 को कोई पूर्व चेतावनी नोटिस दिए बिना माइक्रोसॉफ्ट ने इंटरनेट एक्सप्लोरर डिफॉल्ट सर्च इंजन की जगह पर बिंग (Bing) को स्थापित कर दिया। इसके लिए उसने न तो गूगल को कोई नोटिस दिया था और न ही उसके उपयोगकर्ताओं को।

> **अप्रैल 2006 में क्रोन प्रोजेक्ट को श्मिट का अनुमोदन मिल गया। इसके छह माह बाद ही बिल गेट्स के नेतृत्ववाली माइक्रोसॉफ्ट कंपनी ने अचानक ही गूगल की पूरी दुनिया हिलाकर रख दी 18 अक्तूबर, 2006 को कोई पूर्व चेतावनी नोटिस दिए बिना माइक्रोसॉफ्ट ने इंटरनेट एक्सप्लोरर डिफॉल्ट सर्च इंजन की जगह पर बिंग (Bing) को स्थापित कर दिया।**

इस घटनाक्रम के महत्त्व को समझने के लिए जरूरी है कि पहले यह समझ लिया जाए कि उस समय गूगल के पास पैसा कहाँ से आ रहा था?

चूँकि गूगल माइक्रोसॉफ्ट के ब्राउजर पर डिफॉल्ट इंजन था, इसलिए इंटरनेट एक्सप्लोरर लाखों की संख्या में ग्राहकों का ट्रैफिक गूगल की ओर संचालित कर रहा था, जिससे गूगल के पास करोड़ों डॉलर आ रहे थे। हालाँकि गूगल भी हर दूसरे महत्त्वपूर्ण ब्राउजर (जिसमें फायर फॉक्स भी शामिल था) पर डिफॉल्ट सर्च इंजन था, लेकिन इसके लगभग 65 प्रतिशत उपयोगकर्ता इंटरनेट एक्सप्लोरर के जरिए आ रहे थे।

इंटरनेट एक्सप्लोरर पर बिंग को डिफॉल्ट सर्च इंजन बनाने के माइक्रोसॉफ्ट के निर्णय से गूगल को लगभग 30 करोड़ ग्राहकों का नुकसान उठाना पड़ा। यह एक व्यावसायिक नुकसान भर नहीं था। यह सबकुछ एक दुःस्वप्न जैसा था, जो सुबह उठने पर आपकी आँखों के सामने यथार्थ रूप ले रहा था और आपको पता चल रहा था कि आप बिजनेस से बाहर हो गए हैं।

गूगल के लिए इतना तो अच्छा था कि पिचाई ने ऐसी संभावना का अनुमान पहले ही लगा लिया था। इस समय गूगल की टीम के साथ-साथ पिचाई के सामने भी संकट की घड़ी थी। इससे बाहर निकलने के लिए एक दोहरी रणनीति अपनाई गई। इंटरनेट एक्सप्लोरर में मौजूद एक फीचर का फायदा उठाते हुए गूगल ने वेब पेज में एक पॉपअप विंडो तैयार किया, जिससे ग्राहकों को—जो अब बिंग पर थे—वापस गूगल पर आने का विकल्प मिल गया। इससे काफी मदद मिली और गूगल के लगभग 60 प्रतिशत खोए हुए ग्राहक वापस गूगल में आ गए।

इंटरनेट एक्सप्लोरर में मौजूद एक फीचर का फायदा उठाते हुए गूगल ने वेब पेज में एक पॉपअप विंडो तैयार किया, जिससे ग्राहकों को–जो अब बिंग पर थे–वापस गूगल पर आने का विकल्प मिल गया।

हालाँकि अभी लगभग 10 करोड़ ग्राहक ऐसे रह गए थे, जिन्हें गूगल में वापस नहीं लाया जा सका था। उसी समय गूगल टूलबार अस्तित्व में आया। टूलबार में एक सर्च बॉक्स होता है, जो हमेशा गूगल की ओर संकेत करता है। मतलब यह कि किसी भी ग्राहक को, जिसने टूलबार इंस्टॉल किया था, वापस

गूगल तक पहुँचाया जा सकता था। इसके अलावा, गूगल रजिस्ट्री सेटिंग्स को चेक भी कर सकता था और जरूरत पड़ने पर उपयोगकर्ताओं को डिफॉल्ट बदलने के लिए तैयार कर सकता था।

पिचाई और गूगल की टीम ने लड़ाई जीत तो ली थी, लेकिन उन्हें पता था कि यह लड़ाई की शुरुआत भर है। माइक्रोसॉफ्ट कोई मामूली प्रतिद्वंद्वी नहीं था। भविष्य में वह ऐसी तरकीब लगा सकता था, जिससे गूगल अपने खोए हुए ग्राहकों को वापस न प्राप्त कर सके। दुबारा ऐसा होता तो वह गूगल के लिए बहुत घातक होता। पिचाई और गूगल के अन्य पदाधिकारी ऐसी स्थिति के आने का इंतजार नहीं कर सकते थे।

पिचाई हरकत में आ गए थे और उन्होंने ओ.ई.एम. (OEM) डील साइन करने शुरू कर दिए। हेवलेट पैकार्ड और अन्य डिस्ट्रीब्यूटरों तथा अन्य बड़ी-बड़ी कंपनियों से बात की गई और लाखों कंप्यूटरों में गूगल का सॉफ्टवेयर बंडल प्री-इंस्टॉल करा दिया गया, यानी ग्राहक को कंप्यूटर खरीदने के साथ ही गूगल टूलबार, गूगल डेस्कटॉप और अन्य सॉफ्टवेयर पहले से इंस्टॉल किए मिल रहे थे। पहली बार जब ग्राहक ब्राउजर का इस्तेमाल करता था, उस समय या तो गूगल को डिफॉल्ट सर्च इंजन के रूप में सेट करना होता था या फिर उपयोगकर्ता को मौजूदा सर्च इंजन से वापस गूगल में स्थानांतरित होना होता था। इस प्रकार सुंदर पिचाई और उनकी टीम ने गूगल को एक बड़े संकट से बचा लिया था।

हेवलेट पैकार्ड और अन्य डिस्ट्रीब्यूटरों तथा अन्य बड़ी-बड़ी कंपनियों से बात की गई और लाखों कंप्यूटरों में गूगल का सॉफ्टवेयर बंडल प्री-इंस्टॉल करा दिया गया, यानी ग्राहक को कंप्यूटर खरीदने के साथ ही गूगल टूलबार, गूगल डेस्कटॉप और अन्य सॉफ्टवेयर पहले से इंस्टॉल किए मिल रहे थे।

इस घटनाक्रम से दो बातें सामने आईं। एक तो यह कि व्यक्तिगत रूप से पिचाई को गूगल के अन्य प्रोडक्ट मैनेजरों से अलग एक दूरद्रष्टा के रूप

में देखा जाने लगा। दूसरी बात यह हुई कि इसने गूगल को अपना स्वयं का ब्राउजर क्रोम तैयार करने का रास्ता खोल दिया, जिसने इंटरनेट एक्सप्लोरर और माइक्रोसॉफ्ट को हिलाकर रख दिया।

गूगल क्रोम चमक उठा

> *'उन्हें उछाल पसंद है, बहुत बड़ी उछाल। जिस समय एरिक श्मिट को सुंदर ने यह समझा लिया था कि इंटरनेट एक्सप्लोरर को दुनिया के सबसे लोकप्रिय ब्राउजर की सीट से हटाना संभव होगा, उस समय मैं कमरे में ही था।'*
>
> ***—क्रिस्टोफर सका***

यह कहना अनुचित न होगा कि सुंदर पिचाई की वर्तमान सफलता का जो राज है, वह है—मुश्किल प्रोजेक्टों का सफलतापूर्वक नेतृत्व करने की उनकी काबिलीयत। टूलबार और क्रोम दो ऐसे ही प्रोजेक्ट रहे हैं। टूलबार उपयोगकर्ता की मशीन पर गूगल के सर्च प्रयासों की सुरक्षा के लिए था, जबकि क्रोम पूरे वेब को लेकर उपयोगकर्ता के अनुभव में सुधार लाने के लिए था। शुरू में ही सुंदर पिचाई ने गूगल की निरंतर सफलता की कुंजी का पता लगा लिया था—उपयोगकर्ताओं को ऑनलाइन बनाए रखो और वे सर्च के लिए गूगल का इस्तेमाल करते रहेंगे।

टूलबार और क्रोम दो ऐसे ही प्रोजेक्ट रहे हैं। टूलबार उपयोगकर्ता की मशीन पर गूगल के सर्च प्रयासों की सुरक्षा के लिए था, जबकि क्रोम पूरे वेब को लेकर उपयोगकर्ता के अनुभव में सुधार लाने के लिए था।

गूगल ब्राउजर को लेकर पिचाई का दर्शन दिलचस्प समय पर सामने आया। जब से गूगल की उपस्थिति क्षितिज पर एक उल्लेखनीय खिलाड़ी के रूप में दर्ज होने लगी थी, उसी समय से माइक्रोसॉफ्ट के साथ उसकी

प्रतिद्वंद्विता चली आ रही थी। माइक्रोसॉफ्ट के करिश्माई नेता बिल गेट्स को अनेक बार ऐसा कहते पेश किया गया है कि वह नव-प्रवर्तन और ग्राहकों के मामले में गूगल को जमीन पर पहुँचा देंगे। हालाँकि माइक्रोसॉफ्ट ऐसा कर दिखाने में सक्षम नहीं रहा। अपने सशक्त ढाँचे और नव प्रवर्तनकारी प्रवृत्ति से गूगल ने कई बार तो माइक्रोसॉफ्ट को ही चिंता में डाल दिया है। जी हाँ, उसी गूगल ने, जिसे अभी 2000 के दशक की शुरुआत तक वह एक नौसिखिया कंपनी के रूप में देखती रही थी।

गूगल के संस्थापक और सी.ई.ओ. एरिक श्मिट रेडमंड आधारित कंपनी को कोई सार्वजनिक अंतर दिखा सकने में विफल हुए थे। माइक्रोसॉफ्ट मौका पाते ही उनके आगे आकर खड़ा हो जाता था। वर्ष 2005 में एरिक श्मिट यूनिवर्सिटी ऑफ वॉशिंग्टन के पॉल एलेन सेंटर फॉर कंप्यूटर साइंस एंड इंजीनियरिंग में अपना भाषण दिया—उल्लेखनीय है कि यह स्थान माइक्रोसॉफ्ट के एक संस्थापक सदस्य द्वारा अनुदान में दिया गया था और उसके नाम पर ही इसका यह नाम रखा गया था। श्मिट अपने फॉर्म में थे। उन्हें जो सम्मान मिल रहा था, वह सिर्फ इसलिए नहीं था कि एक उच्च अधिकारी के रूप में उन्होंने माइक्रोसॉफ्ट के बारे में अपनी राय रखी थी, बल्कि इसलिए भी कि वह ज्यादा-से-ज्यादा संख्या में प्रतिभाशाली लोगों को गूगल कार्य-बल से जोड़ने के अपने उद्देश्य के साथ काम कर रहे थे। यूनिवर्सिटी ऑफ वॉशिंग्टन से प्रतिभाएँ अपनी ओर आकर्षित करने का मतलब था—माइक्रोसॉफ्ट के नजदीकी मुख्यालय को प्रतिभा-विहीन करना। यह सबकुछ पास में ही सोए पड़े शेर की माँद में हाथ डालकर उसका भोजन निकालने जैसा था। श्मिट ने गूगल को काम करने के

श्मिट ने गूगल को काम करने के लिए दुनिया का सबसे अच्छा कार्य-स्थल बताया, जबकि माइक्रोसॉफ्ट के बारे में उनकी टिप्पणी से संकेत मिल रहा था कि वह (माइक्रोसॉफ्ट) एक सोए हुए शेर की तरह है, जिसके अच्छे दिन उसके पीछे हैं।

लिए दुनिया का सबसे अच्छा कार्य-स्थल बताया, जबकि माइक्रोसॉफ्ट के बारे में उनकी टिप्पणी से संकेत मिल रहा था कि वह (माइक्रोसॉफ्ट) एक सोए हुए शेर की तरह है, जिसके अच्छे दिन उसके पीछे हैं।

उसी वर्ष गूगल ने चीन में डॉ. काई-फू ली नामक एक व्यक्ति को नियुक्त किया, जो वर्ष 1998 से चीन में माइक्रोसॉफ्ट का एक महत्त्वपूर्ण व्यक्ति था। चीन में उसके संपर्कों का कोई तोड़ नहीं था। वैसे तो माइक्रोसॉफ्ट के कई सीनियर मैनेजर अब तक गूगल ज्वॉइन कर चुके थे, लेकिन ली का गूगल ज्वॉइन करने का निर्णय माइक्रोसॉफ्ट के लिए एक बड़ा घटनाक्रम था। माइक्रोसॉफ्ट के सी.ई.ओ. स्टीव बॉल्मर इसे पचा नहीं पा रहे थे और गूगल तथा माइक्रोसॉफ्ट के बीच की तनातनी और बढ़ गई।

बाद में वर्ष 2005 में गूगल ने माइक्रोसॉफ्ट पर एक और जोरदार प्रहार किया। अमेरिका ऑनलाइन (ए.ओ.एल.) के साथ गूगल का टाइ-अप पहले से था। दिसंबर 2005 में उसने याहू और माइक्रोसॉफ्ट की बोलियों को पीछे छोड़ते हुए 1 अरब डॉलर्स का एक सौदा अमेरिका ऑनलाइन के साथ कर लिया, जिससे कंपनी में उसकी 5 प्रतिशत की हिस्सेदारी हो गई। इस रणनीतिक साझेदारी से गूगल अब अमेरिका ऑनलाइन के साथ अपने सर्च और विज्ञापन संबंधों को और आगे बढ़ा सकता था। माइक्रोसॉफ्ट के लिए यह एक बड़ा झटका था।

याहू के अधिग्रहण की असफल बोली संभवतः माइक्रोसॉफ्ट के लिए सबसे बड़ा काँटा थी। वर्ष 2008 में माइक्रोसॉफ्ट के बॉल्मर ने याहू को अधिगृहीत करने के लिए शत्रुतापूर्ण बोली लगाना शुरू किया था।

याहू के अधिग्रहण की असफल बोली संभवतः माइक्रोसॉफ्ट के लिए सबसे बड़ा काँटा थी। वर्ष 2008 में माइक्रोसॉफ्ट के बॉल्मर ने याहू को अधिगृहीत करने के लिए शत्रुतापूर्ण बोली लगाना शुरू किया था। याहू के शेयरों का ऑफर प्राइस 31 डॉलर्स रखा गया था, जो उस समय के स्टॉक प्राइस यानी 19 डॉलर्स से काफी ज्यादा था।

45 अरब डॉलर्स की यह बोली एक ओर माइक्रोसॉफ्ट को सर्च बिजनेस का एक प्रमुख दावेदार बनाने वाली थी तो दूसरी ओर गूगल या किसी भी अन्य प्रतिद्वंद्वी के सामने उसे अजेय स्थिति में पहुँचा सकती थी, परंतु गूगल की तिकड़ी (लैरी पेज, सर्गेई ब्रिन और एरिक श्मिट) ने जेरी यांग (याहू के प्रमुख) को अपनी ओर खींच लिया। दोनों कंपनियों के बीच एक विज्ञापन-समझौता हुआ, जिसके अनुसार गूगल अपनी बेहतर प्रौद्योगिकी के जरिए याहू को विज्ञापन से और ज्यादा राजस्व अर्जित करने में मदद देने के लिए तैयार हो गया। इस प्रकार, याहू नुकसान के सौदे से बचने में कामयाब हो गया। अब माइक्रोसॉफ्ट समझ गया था कि गूगल के हद से ज्यादा आगे बढ़ने से पहले उसके लिए कुछ-न-कुछ करना ही पड़ेगा।

माइक्रोसॉफ्ट ने गूगल की जीवन-रेखा यानी उसके विज्ञापन बिजनेस पर जो निशाना साधा था, उसका सिर्फ इतना ही कारण नहीं था, बल्कि वर्ष 2004 का एक घटनाक्रम भी था।

माइक्रोसॉफ्ट ने गूगल की जीवन-रेखा यानी उसके विज्ञापन बिजनेस पर जो निशाना साधा था, उसका सिर्फ इतना ही कारण नहीं था, बल्कि वर्ष 2004 का एक घटनाक्रम भी था।

इसकी शुरुआत अगस्त 2004 में गूगल के सार्वजनिक होने के साथ हुई थी। जब तक कंपनी निजी हाथों में थी, तब तक इसके मुनाफे की जानकारी गूगल के संस्थापक सदस्यों, सी.ई.ओ. एरिक श्मिट और कंपनी के कुछेक अन्य विश्वासपात्र लोगों के अलावा और किसी को नहीं होती थी। सार्वजनिक क्षेत्र में आने के बाद कंपनी के लिए अपने राजस्व और मुनाफे का ब्योरा देना जरूरी हो गया। लोगों की नजर में जो अब तक सार्वजनिक रूप से एक साधारण सर्च फर्म की हैसियत में थी, वही देखते-ही-देखते प्रतिवर्ष करोड़ों डॉलर्स का राजस्व अर्जित करनेवाले एक बड़े सर्च संगठन के रूप में उभरने लगी थी। यह बात सभी को पता थी कि राजस्व का ज्यादातर हिस्सा विज्ञापन से आ रहा है और गूगल के नकदी प्रवाह के बारे में सबसे ज्यादा तो माइक्रोसॉफ्ट जानता था। इसे समझने के

लिए किसी जीनियस की जरूरत नहीं थी, क्योंकि बात बहुत स्पष्ट थी—गूगल को विज्ञापन से होनेवाले राजस्व का रास्ता रोक दो। बस, कंपनी अपने आप दम तोड़ देगी। और अगर इसी बिजनेस की नकल माइक्रोसॉफ्ट में लाई जा सके तो एक तीर से दो-दो निशाने साधनेवाली बात होगी। पिचाई और गूगल के अन्य पदाधिकारी भी इस स्थिति को समझ रहे थे। इंटरनेट एक्सप्लोरर पर गूगल की जगह बिंग को स्थापित किए जाने के घटनाक्रम से पिचाई को श्मिट और अन्य पदाधिकारियों की ओर से एक ब्राउजर तैयार करने के लिए हरी झंडी मिल गई थी।

वर्ष 1998 में अमेरिका ऑनलाइन ने नेटस्केप के लिए 4.2 अरब डॉलर्स के अधिग्रहण की घोषणा कर दी। वर्ष 1999 में डील के कार्य रूप में आने तक इसकी वैल्यू 10 अरब डॉलर्स हो गई। पिचाई जानते थे कि माइक्रोसॉफ्ट क्या कुछ कर सकता है। वह गूगल को दुबारा उसके दुश्चक्र में फँसते नहीं देख सकते थे।

पिचाई जानते थे कि नेटस्केप को बिजनेस से बाहर करने के लिए बहुत हद तक माइक्रोसॉफ्ट जिम्मेदार था। वर्ष 1995 में नेटस्केप 28 डॉलर्स के स्टॉक प्राइस के साथ सार्वजनिक हो गया था। अगस्त 1995 में जब माइक्रोसॉफ्ट ने इंटरनेट एक्सप्लोरर शुरू किया था, उस समय ब्राउजर मार्केट में नेटस्केप का शेयर 80 प्रतिशत से ज्यादा था। इस पर प्रतिक्रिया-स्वरूप माइक्रोसॉफ्ट ने इंटरनेट सेवा प्रदाताओं (आई.एस.पी.) के साथ विशिष्ट अनुबंधों (एक्सक्लूसिव कॉन्ट्रैक्ट) पर हस्ताक्षर किए और इंटरनेट एक्सप्लोरर को अपने विंडोज ओ.एस. के साथ जोड़ दिया। वर्ष 1998 में अमेरिका ऑनलाइन ने नेटस्केप के लिए 4.2 अरब डॉलर्स के अधिग्रहण की घोषणा कर दी। वर्ष 1999 में डील के कार्य रूप में आने तक इसकी वैल्यू 10 अरब डॉलर्स हो गई। पिचाई जानते थे कि माइक्रोसॉफ्ट क्या कुछ कर सकता है। वह गूगल को दुबारा उसके दुश्चक्र में फँसते नहीं देख सकते थे। इसके लिए सबसे पहली जरूरत थी—इंटरनेट एक्सप्लोरर पर

निर्भर होने से बचना; क्योंकि उस स्थिति में माइक्रोसॉफ्ट अपने ब्राउजर पर गूगल सर्च को डिफॉल्ट कर सकता था। इसके लिए गूगल का अपना ब्राउजर होना जरूरी था। इसी जरूरत को ध्यान में रखते हुए क्रोम को लॉञ्च किया गया। दूसरी सावधानी यह बरतने की जरूरत थी कि माइक्रोसॉफ्ट ने नेटस्केप के साथ जो कुछ किया, वह गूगल के साथ न कर सके। नेटस्केप के साथ एक मुश्किल यह थी कि यह उपयोगकर्ताओं, खासकर कंपनियों के लिए मुफ्त नहीं था; जबकि माइक्रोसॉफ्ट का इंटरनेट एक्सप्लोरर (आई.ई. 2.0) विंडोज का प्रयोग करनेवाले सभी ग्राहकों के लिए मुफ्त था। अत: गूगल क्रोम सभी प्रयोगकर्ताओं के लिए मुफ्त में प्रस्तुत किया गया था।

क्रोम का मेमोरी मैनेजमेंट अपेक्षाकृत ज्यादा प्रभावशाली था और साथ ही, पेज नेविगेशन भी इंटरनेट एक्सप्लोरर या अन्य लोकप्रिय ब्राउजरों के मुकाबले ज्यादा अच्छा था।

क्रोम का मेमोरी मैनेजमेंट अपेक्षाकृत ज्यादा प्रभावशाली था और साथ ही, पेज नेविगेशन भी इंटरनेट एक्सप्लोरर या अन्य लोकप्रिय ब्राउजरों के मुकाबले ज्यादा अच्छा था। इतना ही नहीं, इसका टेक्स्ट ले-आउट और रेंडरिंग भी अपेक्षाकृत फास्ट था। इस प्रकार, अपनी इन खूबियों के बल पर क्रोम एक बड़ी सफलता साबित हुआ।

स्टैटकाउंटर (StatCounter) के अनुसार, जनवरी 2009 में क्रोम का मार्केट शेयर 1.38 प्रतिशत था, जबकि इंटरनेट एक्सप्लोरर का शेयर 65.41 प्रतिशत था। इसके ठीक एक वर्ष बाद क्रोम 6.04 प्रतिशत पर पहुँच गया, जबकि इंटरनेट एक्सप्लोरर लुढ़ककर 55.25 प्रतिशत पर आ गया। उसके बाद वर्ष 2011 में यह अंतर और भी कम हो गया। क्रोम 22.14 प्रतिशत पर था, जबकि इंटरनेट एक्सप्लोरर लुढ़ककर 42.45 पर आ गया था। एक वर्ष बाद जुलाई 2012 में क्रोम (33.81 प्रतिशत) इंटरनेट एक्सप्लोरर (32.04 प्रतिशत) से आगे निकल गया।

स्टेटकाउंटर ग्लोबल डेस्कटॉप के आँकड़ों के अनुसार, फरवरी 2015 तक क्रोम 48.71 प्रतिशत शेयर के साथ शीर्ष पर पहुँच गया, जबकि एक्सप्लोरर 18.91 प्रतिशत पर ही अटका रह गया।

आज जैसा पिचाई स्वयं बताते हैं, दुनिया भर के एक–तिहाई उपयोगकर्ता गूगल क्रोम के पास हैं। कंज्यूमर स्पेस की बात करें तो शेयर और भी ज्यादा हो सकता है, क्योंकि इस मामले गूगल ऐतिहासिक रूप से माइक्रोसॉफ्ट के उद्यम–पक्ष (एंटरप्राइज साइड) की तुलना में ज्यादा सशक्त रहा है। इसके अलावा, एंटरप्राइज यूजर्स को अपग्रेड करने में थोड़ा समय लगता है। उनके इंटरनेट एक्सप्लोरर पर बने रहने का एक कारण यह भी हो सकता है। यह बात उल्लेखनीय है कि उभरते हुए बाजार अधिक तेज क्रोम को ज्यादा प्राथमिकता देते दिखाई दे रहे हैं। सबसे दिलचस्प बात तो यह है कि क्रोम पर विंडोज के उपयोगकर्ता मैक (Mac) की अपेक्षा कहीं ज्यादा हैं। ऐसा शायद इसलिए है कि क्रोम शुरू–शुरू में विंडोज पर ही लॉन्च किया गया था।

दुनिया भर के एक-तिहाई उपयोगकर्ता गूगल क्रोम के पास हैं। कंज्यूमर स्पेस की बात करें तो शेयर और भी ज्यादा हो सकता है, क्योंकि इस मामले गूगल ऐतिहासिक रूप से माइक्रोसॉफ्ट के उद्यम-पक्ष (एंटरप्राइज साइड) की तुलना में ज्यादा सशक्त रहा है।

क्रोम को लेकर पिचाई ने उस समय जोर देना शुरू किया था, जब एरिक श्मिट जैसे गूगल के वरिष्ठ अधिकारी भी यही मानकर चल रहे थे कि दुनिया को एक और ब्राउजर की फिलहाल कोई जरूरत नहीं है। अब जरा सोचिए, अगर गूगल और माइक्रोसॉफ्ट के बीच समीकरण वैसा नहीं होता, जैसा 2000 के दशक के आरंभ में था और अगर गूगल अपने प्रतिद्वंद्वी यानी माइक्रोसॉफ्ट की ओर से बढ़ते खतरे को न समझ पाता तो क्या क्रोम अस्तित्व में आता? आज ब्राउजर मार्केट में क्रोम का एक महत्त्वपूर्ण स्थान है। इतना ही नहीं, क्रोम (ब्राउजर) क्रोम ओएस (गूगल ऑपरेटिंग सिस्टम)

का आधार भी है। गूगल अपने क्रोम ओएस को माइक्रोसॉफ्ट विंडोज के विकल्प के रूप में उतारने के लिए तैयार दिखाई देता है।

क्रोम एक ब्राउजर मात्र नहीं

सुंदर के पास ऐसे उत्पाद तैयार करने की योग्यता है, जो तकनीकी दृष्टि से उत्कृष्ट और प्रयोग करने में सरल होते हैं।

—लैरी पेज

गूगल क्रोम की शानदार सफलता के बाद सुंदर पिचाई को कंपनी का वाइस प्रेसीडेंट बना दिया गया। उसके कुछ समय बाद ही एक और प्रमोशन देकर उन्हें सीनियर वाइस प्रेसीडेंट बना दिया गया।

गूगल क्रोम की शानदार सफलता के बाद सुंदर पिचाई को कंपनी का वाइस प्रेसीडेंट बना दिया गया। उसके कुछ समय बाद ही एक और प्रमोशन देकर उन्हें सीनियर वाइस प्रेसीडेंट बना दिया गया।

वर्ष 2008 में क्रोम के लॉञ्च के साथ ही पिचाई ने गूगल को ब्राउजर की दुनिया में सफलतापूर्वक आगे ले जाना शुरू कर दिया। एक वर्ष बाद वह इस पर वापस लौटे। इस बार मकसद था—नेटबुक्स और डेस्कटॉप मशीन के लिए वेब आधारित क्रोम ओ.एस. तैयार करना। पिचाई की सोच और कार्यशैली के बारे में जानने वाले बहुत से लोग ऐसा मानते हैं कि क्रोम ओ.एस. संभवत: गूगल के ब्राउजर के पीछे की दीर्घकालिक योजना थी—यह विचार कि क्रोम ओ.एस. अंतत: माइक्रोसॉफ्ट विंडोज का एक व्यावहारिक विकल्प प्रदान करेगा।

गूगल लड़ाई को आगे तक ले जाने के लिए तैयार दिखाई देता है, जो न केवल माइक्रोसॉफ्ट विंडोज तक सीमित है, बल्कि एप्पल आई.ओ.एस. (iOS) भी इसकी हद में आता है। गूगल कई बार यह बात दोहरा चुका है कि स्मार्टफोन के क्षेत्र में वह वैसा ही बनना चाहता है, जैसा डेस्कटॉप के

मामले में माइक्रोसॉफ्ट है। वह एंड्रॉइड के जरिए स्मार्टफोन बाजार में अपना आधिपत्य जमाना चाहता है। अतः जहाँ एक ओर पिचाई स्मार्टफोन उपयोगकर्ताओं को एक एकीकृत अनुभव देने के लिए क्रोम और एंड्रॉइड को जोड़ने की कोशिश में लगे हैं, वहीं दूसरी ओर गूगल का गेम प्लान (रणनीति) गूगल समर्पित एंड्रॉइड सिस्टम और एप्पल के आई.ओ.एस. के बीच स्मार्टफोन की लड़ाई को हवा देने की है।

गूगल के नजरिए से देखें तो क्रोम सभी एंड्रॉइड-पॉवर्ड स्मार्टफोन में (लोगों का) पसंदीदा ब्राउजर होगा। ऐसा तब होगा, जब इन डिवाइसों के उपयोगकर्ता क्रोम और एंड्रॉइड को एक-दूसरे से अलग रूप में देखना बंद कर देंगे। यह पिचाई की एक महत्त्वपूर्ण उपलब्धि रही है।

गूगल के नजरिए से देखें तो क्रोम सभी एंड्रॉइड–पॉवर्ड स्मार्टफोन में (लोगों का) पसंदीदा ब्राउजर होगा। ऐसा तब होगा, जब इन डिवाइसों के उपयोगकर्ता क्रोम और एंड्रॉइड को एक–दूसरे से अलग रूप में देखना बंद कर देंगे। यह पिचाई की एक महत्त्वपूर्ण उपलब्धि रही है।

क्रोम ओ.एस. जुलाई 2009 में लॉन्च हुआ था। उस समय पिचाई और गूगल ने इसे एक ऐसा ऑपरेटिंग सिस्टम बताया था, जिसमें एप्लीकेशंस और डाटा, दोनों क्लाउड में मौजूद होते हैं और जो नवीनतम वर्जन के अनुसार ऑटोमैटिक तरीके से अपडेट हो जाता है। उसके बाद वर्ष 2009 में क्रोमियम ओ.एस. प्रोजेक्ट में गूगल ने क्रोम ओ.एस. के लिए सोर्स कोड को उन डेवलपर्स को उपलब्ध करा दिया, जो कोड को संशोधित करके अपना स्वयं का वर्जन तैयार कर सकते थे। क्रोम ओ.एस. पूरी तरह से गूगल और उसके साझीदारों द्वारा समर्पित है और विशेष रूप से इस उद्देश्य के लिए डिजाइन किए गए हार्डवेयर से संचालित होता है। इसकी कई अलग–अलग खूबियों में एक खूबी इसके ऑपरेटिंग सिस्टम की शानदार बूट–अप स्पीड है। वर्ष 2009 में आयोजित एक कॉन्फ्रेंस में सुंदर

पिचाई ने स्वयं प्रदर्शित किया कि किस प्रकार क्रोम का ऑपरेटिंग सिस्टम मात्र सात सेकंड में बूट-अप हो सकता है।

क्रोम ओ.एस. की विशेषताओं से युक्त हार्डवेयर की मई 2011 में रिटेलिंग शुरू कर दी गई थी। क्रोमबुक—ऑपरेटिंग सिस्टम के रूप में क्रोम ओ.एस. से युक्त एक लैपटॉप की घोषणा मई 2011 में गूगल के आई.ओ. कॉन्फ्रेंस में की गई और अगले महीने इसे शिपिंग के लिए उपलब्ध करा दिया गया। शुरू-शुरू में क्रोमबुक में एसर और सैमसंग की साझेदारी थी। वर्ष 2013 तक लिनोवो और एच.पी. भी इसमें शामिल हो गए। उसके बाद जल्दी ही स्वयं गूगल भी इसमें शामिल हो गया। वर्ष 2012 के मध्य में सैमसंग ने क्रोमबुक का एक डेस्कटॉप वर्जन निकाला, जिसे 'क्रोमबॉक्स' नाम दिया गया। इसके डेढ़ वर्ष बाद जनवरी 2014 में एल.जी. इलेक्ट्रॉनिक्स ने 'क्रोमबेस' के नाम से एक ऑल-इन-वन डिवाइस निकाली, जिसमें एक मॉनीटर के अंदर क्रोमबॉक्स हार्डवेयर के साथ-साथ एक इन-बिल्ट कैमरा माइक्रोफोन और स्पीकर मौजूद था। इसके कुछ ही समय बाद एसर ने क्रोमबेस का एक थोड़ा-सा अलग वर्जन निकाला, जिसमें टच स्क्रीन थी। इसी साल थोड़ा पहले गूगल ने क्रोमबिट लॉन्च किया था। क्रोमबिट एक डोंगल है, जो क्रोम ओ.एस. को संचालित करता है। जब इसे किसी कंप्यूटर मॉनीटर या टेलीविजन सेट के एच.डी.एम.आई. (हाई डेफिनेशन मल्टीमीडिया इंटरफेस) स्लॉट में डाला जाता है तो क्रोमबिट डिस्प्ले स्क्रीन को एक पर्सनल कंप्यूटर में बदल देता है।

जनवरी 2014 में एल.जी. इलेक्ट्रॉनिक्स ने 'क्रोमबेस' के नाम से एक ऑल-इन-वन डिवाइस निकाली, जिसमें एक मॉनीटर के अंदर क्रोमबॉक्स हार्डवेयर के साथ-साथ एक इन-बिल्ट कैमरा माइक्रोफोन और स्पीकर मौजूद था।

क्रोम ओ.एस. की तुलना माइक्रोसॉफ्ट विंडोज से करने पर पता चलता है कि क्रोम ओ.एस. माइक्रोसॉफ्ट के लिए सबसे बड़ा भय बना हुआ है।

यह बात सही है कि ऑपरेटिंग सिस्टम (ओ.एस.) की लागत चिंता का एक विषय है। वैसे तो विंडोज लैपटॉप खरीदने पर विंडोज ओ.एस. मुफ्त दिया जाता है, लेकिन उसके बाद के अपडेट्स में अच्छा-खासा खर्च हो जाता है। दूसरी ओर, क्रोम ओ.एस. के अपडेट्स में उपयोगकर्ताओं को एक पैसा भी खर्च नहीं करना पड़ता। साथ ही, सबसे अच्छी बात यह है कि विंडोज अपडेट्स में जितना समय लगता है, उसका एक हिस्सा भी इसमें नहीं लगता।

क्रोम ओ.एस. का एक और फायदा यह है कि क्रोमबुक विंडोज लैपटॉप पर एच.डी.डी. (हार्ड डिस्क ड्राइव) फॉर्मेट की बजाय एस.एस.डी. (सॉलिड स्टेट ड्राइव) के साथ आते हैं। क्रोमबुक के वैसे तो ढेर सारे फायदे हैं; साथ ही, एक सच बात यह भी है कि इससे क्रोमबुक जैसे क्रोम ओ.एस. प्रोडक्ट जितनी स्पीड से बूट-अप होते हैं, उसका कोई तोड़ नहीं है। सच कहा जाए तो सबसे तेज विंडोज लैपटॉप भी स्पीड के मामले में सबसे धीमे क्रोमबुक की बराबरी नहीं कर पाएगा। इसी तरह, क्रोमबुक का परफॉर्मेंस समय के साथ थोड़ा-थोड़ा बदलता रहता है, जबकि विंडोज लैपटॉप ओवरहेड विंडोज ओ.एस. और धीमे चलनेवाले एच.डी.डी. के कारण समय के साथ प्रायः डिग्रेड होता जाता है।

आजकल उपयोगकर्ता ज्यादा बैटरी बैक-अप और सिक्योरिटी जैसे पहलुओं पर ज्यादा ध्यान देते हैं। क्रोम ओ.एस. वाले क्रोमबुक्स में बैटरी की लाइफ भी ज्यादा होती है और वायरस आदि का खतरा भी नहीं होता है।

इससे भी ज्यादा महत्त्वपूर्ण बात यह है कि आजकल उपयोगकर्ता ज्यादा बैटरी बैक-अप और सिक्योरिटी जैसे पहलुओं पर ज्यादा ध्यान देते हैं। क्रोम ओ.एस. वाले क्रोमबुक्स में बैटरी की लाइफ भी ज्यादा होती है और वायरस आदि का खतरा भी नहीं होता है।

क्रोम ब्राउजर की सफल लॉन्चिंग से गूगल में पिचाई की अपनी एक अलग पहचान बन गई। साथ ही, क्रोम ओ.एस. और अन्य संबंधित उत्पादों ने भी उन्हें कंपनी की एक जानी-मानी हस्ती के रूप में स्थापित करने में बहुत मदद की।

जन-कौशल सचमुच जरूरी है

सबसे अच्छा कार्यकारी (एक्जीक्यूटिव) वह होता है, जो यह जानता है कि जो काम वह कराना चाहता है, उसके लिए सबसे उपयुक्त व्यक्ति कौन है; और जो (काम को उपयुक्त व्यक्ति के हाथों में सौंपने के बाद) काम के दौरान उसमें दखलंदाजी करने से बचता है।

—थिओडोर रूजवेल्ट

गूगल में पिचाई ने गूगल टूलबार से शुरुआत की थी, जो कोई बहुत अच्छा उत्पाद नहीं था; लेकिन उसके गूगल क्रोम और क्रोम ओ.एस. के लॉन्च से गूगल मुख्यालय का ध्यान निश्चित रूप से उनकी ओर आकर्षित हुआ। उन्हें 'गूगल एप्स' का कार्यभार भी दे दिया गया, जो पहले गूगल एप्स के वाइस प्रेसीडेंट डेव गिरॉर्ड के अधीन था। जी-मेल, गूगल कैलेंडर, गूगल डॉक्स और अन्य क्लाउड एप्लीकेशंस का कार्यभार डेव गिरॉर्ड ही सँभालते थे। डेव की जगह पर सुंदर पिचाई को बैठाने के लैरी पेज के निर्णय का एक कारण यह बताया जाता है कि उपभोक्ता और एंटरप्राइज एप्स के बीच के अंतराल को कम करने के लिए ऐसा किया गया। एक वर्ष बाद पिचाई को सबसे बड़ा अवसर उस समय मिला, जब वर्ष 2013 में एंड्रॉइड के प्रमुख एंडी रुबिन का स्थान उन्हें मिला (उल्लेखनीय है कि एंडी रुबिन एंड्रॉइड के सह-संस्थापक और सी.ई.ओ. थे। बाद में वर्ष 2005 में गूगल ने 5 करोड़ डॉलर्स में एंड्रॉइड को अधिगृहीत कर लिया था)। बाद में वर्ष 2014 में पेज ने पिचाई को यू-ट्यूब, गूगल एक्स, कैलिको और कुछेक अन्य को छोड़कर

डेव की जगह पर सुंदर पिचाई को बैठाने के लैरी पेज के निर्णय का एक कारण यह बताया जाता है कि उपभोक्ता और एंटरप्राइज एप्स के बीच के अंतराल को कम करने के लिए ऐसा किया गया।

गूगल के सभी प्रोडक्ट्स का हेड बना दिया।

गूगल में पिचाई को अभूतपूर्व सफलता मिल रही थी। कंपनी के बीसियों प्रतिभाशाली युवाओं और योग्य कार्यकर्ताओं के बीच में काम करते हुए उन्होंने यह सबकुछ कैसे हासिल किया, यह एक दिलचस्प बात है। पिचाई का नेतृत्व कौशल बेजोड़ है। वह काम करनेवाले लोगों को सँभालना और उन्हें हर तरह से एक-दूसरे के साथ सहयोग करने के लिए प्रोत्साहित करना अच्छी तरह से जानते हैं। एक साल पहले माइक्रोसॉफ्ट में नडेला की भूमिका भी कुछ ऐसी ही थी। वह लोगों की फिक्र करते हैं और उन्हें अपनी इस सहृदयता का एहसास भी कराते हैं। उनके साथ काम करनेवाले कई सहकर्मी स्वयं बताते हैं कि कई बार अपनी टीम के सहकर्मियों की समस्या को सकारात्मक माहौल में बॉस के सामने रखने के लिए वह अपनी पूर्व बॉस मरीसा मेयर के ऑफिस के बाहर घंटों बैठे रहते थे। मैनेजर और टीम के बीच के संबंध इसी बात पर निर्भर करते हैं कि मैनेजर अपनी टीम के सदस्यों की कितनी फिक्र करता है?

पिचाई को आक्रामक या घमंडी तो नहीं कहा जा सकता, लेकिन कुछ लोग उन्हें जिद्दी जरूर कह सकते हैं। ऐसा देखा गया है कि टकराव की स्थिति में वह झुकने या पीछे हटने के लिए तैयार नहीं होते।

पिचाई को आक्रामक या घमंडी तो नहीं कहा जा सकता, लेकिन कुछ लोग उन्हें जिद्दी जरूर कह सकते हैं। ऐसा देखा गया है कि टकराव की स्थिति में वह झुकने या पीछे हटने के लिए तैयार नहीं होते।

इसका एक उदाहरण उस समय के घटनाक्रम में देखा जा सकता है, जब इंटरनेट एक्सप्लोरर के मुकाबले में एक ब्राउजर विकसित करने के उनके प्रस्ताव को एरिक शिमट ने अस्वीकार कर दिया था। उस समय पिचाई पीछे नहीं हटे और टकराव भी नहीं किया। इसके लिए वह उपयुक्त समय की प्रतीक्षा करने लगे और जब ऐसा समय आया तो वह गूगल क्रोम के निर्माण में लग गए।

इसी तरह, उनका कूटनीतिक कौशल और जन-कौशल उस समय

देखने को मिला, जब वर्ष 2014 में सैमसंग के साथ डीलिंग की बात आई गूगल को लग रहा था कि सैमसंग अपने निहित स्वार्थ के चलते उसकी सेवाओं की बिक्री को कम महत्त्व दे रहा है। एंड्रॉइड का प्रमुख होने के नाते पिचाई को इस स्थिति को सँभालने की जिम्मेदारी सौंपी गई। यह एक चुनौतीपूर्ण कार्य था। सैमसंग वैसे तो गूगल का सबसे प्रमुख पार्टनर था, इसलिए उसे स्पष्ट संदेश जरूर देना था, लेकिन साथ ही यह भी देखना था कि दोनों कंपनियों के आपसी संबंध प्रभावित न हों। पिचाई सैमसंग के सी.ई.ओ. शिन से मिले। उन्होंने दोनों कंपनियों के पारस्परिक लक्ष्यों पर बल दिया। मुलाकात सफल रही। सैमसंग मैगजीन यू.एक्स. को वापस लेने को तैयार हो गया, जो सैमसंग द्वारा डिजाइन किया गया एक अनुकूलित उपयोगकर्ता अंतराफलक (कस्टमाइज्ड यूजर इंटरफेस) था और गूगल के मतभेद का एक बड़ा कारण था। इससे सुनिश्चित हुआ था कि सैमसंग के उपकरण (डिवाइसेज) एंड्रॉइड के अधिक समीप रहेंगे। इधर, गूगल की बात करें तो मोटरोला को बहुत कम कीमत, यानी 2.9 अरब डॉलर्स में उसने लिनोवो के हाथों बेचने का निर्णय ले लिया, जबकि उसने स्वयं इसके अधिग्रहण के लिए 12.5 अरब डॉलर की कीमत चुकाई थी। अतः बहुत से लोगों ने इस घटना को सैमसंग को शांत करने की चेष्टा के रूप में देखा था। सैमसंग सहित ज्यादातर थर्ड-पार्टी एंड्रॉइड मैन्यूफेक्चरर्स का मानना था कि उनसे पहले एंड्रॉइड इनोवेशन तक मोटरोला की पहुँच कहीं ज्यादा है। खैर, जो भी हो, गूगल और सैमसंग के बीच की जो गड़बड़ थी, वह दूर हो गई और

सैमसंग सहित ज्यादातर थर्ड-पार्टी एंड्रॉइड मैन्यूफेक्चरर्स का मानना था कि उनसे पहले एंड्रॉइड इनोवेशन तक मोटरोला की पहुँच कहीं ज्यादा है। खैर, जो भी हो, गूगल और सैमसंग के बीच की जो गड़बड़ थी, वह दूर हो गई और इसके साथ ही एक सफल मध्यस्थ के रूप में पिचाई की छवि और निखरकर सामने आई।

इसके साथ ही एक सफल मध्यस्थ के रूप में पिचाई की छवि और निखरकर सामने आई।

गूगल में पिचाई को जिन बड़ी-बड़ी चुनौतियों का सामना करना पड़ा, उनमें से एक चुनौती एंड्रॉइड का कार्यभार सँभालने की थी। जब लैरी पेज ने एंडी रुबिन के स्थान पर सुंदर पिचाई के एंड्रॉइड का कार्यभार सँभालने के निर्णय की घोषणा की तो यह एक गंभीर बहस का विषय बन गया था।

गूगल में पिचाई को जिन बड़ी-बड़ी चुनौतियों का सामना करना पड़ा, उनमें से एक चुनौती एंड्रॉइड का कार्यभार सँभालने की थी। जब लैरी पेज ने एंडी रुबिन के स्थान पर सुंदर पिचाई के एंड्रॉइड का कार्यभार सँभालने के निर्णय की घोषणा की तो यह एक गंभीर बहस का विषय बन गया था। आखिर एंड्रॉइड को खड़ा करने और उसे गूगल को बेचनेवाले एंडी रुबिन ही थे। और तो और, दुनिया भर में लाखों-करोड़ों स्मार्टफोन पर एंड्रॉइड ओ.एस. इंस्टॉल करनेवाली गूगल की टीम तैयार करनेवाले भी एंडी रुबिन थे तो फिर उनके स्थान पर पिचाई को क्यों बैठा दिया गया? यह प्रश्न लोगों में चर्चा का विषय बना हुआ था। इसके पीछे लैरी पेज का क्या मकसद था, इसे कोई नहीं जान पा रहा था।

निस्संदेह, इसके पीछे एक कारण तो यही हो सकता था कि एंड्रॉइड को लेकर एंडी और पेज की सोच अलग-अलग थी। एंडी रुबिन सैमसंग, जो गूगल का एक प्रमुख पार्टनर था, को एंड्रॉइड के लिए एक खतरे के रूप में देख रहे थे। रुबिन का तर्क था कि सैमसंग भविष्य में कभी एंड्रॉइड के कोड को अपने हितों के अनुसार रीराइट कर सकता है और वह एंड्रॉइड की सिफारिश भी बंद कर सकता है। ऐसे में, एंडी द्वारा मोटरोला, जिसे गूगल ने पहले अधिगृहीत किया था, को उस स्थिति से बचानेवाले एक सुरक्षा कवच के रूप में देखा जाना कोई आश्चर्य का विषय नहीं था। सैमसंग या अन्य थर्ड पार्टी मैन्यूफेक्चर्स की बात छोड़ दें तो भी लैरी पेज स्वयं इसे एक संकीर्ण

सोच मान रहे थे और उन्हें लग रहा था कि इससे गूगल के भावी हित प्रभावित होंगे। पिचाई की तरह पेज की सोच भी बिल्कुल अलग थी। उनका मानना था कि एंड्रॉइड वास्तव में गूगल का कोई अंतिम साध्य नहीं है, बल्कि साध्य को प्राप्त करने का एक साधन है। पेज गूगल को एक क्लाउड सर्विसेस ऑर्गेनाइजेशन के रूप में ज्यादा देख रहे थे, जिसका ढाँचा सर्च, जी-मेल, यू-ट्यूब और गूगल मैप्स जैसे उत्पादों पर खड़ा था। एंड्रॉइड पेज के दर्शन से मेल खाता था। इससे गूगल को अपनी कोर सेवाएँ ग्राहकों को उपलब्ध कराने के लिए सैमसंग जैसे हार्डवेयर मैन्यूफेक्चरर्स के साथ साझेदारी करने में मदद मिली थी। इस प्रकार पेज सैमसंग (और दक्षिण कोरियाई कंपनी जैसी अन्य) को खतरे के रूप में नहीं, बल्कि माइक्रोसॉफ्ट और एप्पल के खिलाफ लड़ाई में एक प्रमुख सहायक के रूप में देख रहे थे।

एंड्रॉइड पेज के दर्शन से मेल खाता था। इससे गूगल को अपनी कोर सेवाएँ ग्राहकों को उपलब्ध कराने के लिए सैमसंग जैसे हार्डवेयर मैन्यूफेक्चरर्स के साथ साझेदारी करने में मदद मिली थी।

यह बात सही है कि रुबिन के नेतृत्व में एंड्रॉइड को स्मार्टफोन मार्केट में एप्पल का वर्चस्व तोड़ने में सफलता मिली थी, लेकिन गूगल का भविष्य पिचाई की सोच से ज्यादा संरेखित हो गया था। वैसे भी, माइक्रोसॉफ्ट का तोड़ निकालने के लिए जिस समय गूगल को टूलबार की जरूरत थी, उस समय गूगल टूलबार के लिए पी.सी. मैन्यूफेक्चरर्स के साथ मजबूत साझेदारी विकसित करनेवाले पिचाई ही रहे थे। इस साझेदारी से उपभोक्ताओं को गूगल सर्च से जोड़े रखने में बहुत मदद मिली थी। इसी बात को ध्यान में रखते हुए लैरी पेज चाहते थे कि गूगल की कोर सेवाओं में सॉफ्टवेयर एक्सेस प्वॉइंट इंस्टॉल करने के लिए पिचाई हार्डवेयर मैन्यूफैक्चरर्स के साथ भी वैसी ही प्रक्रिया दोहराते हुए काम करें। पेज को इस बात से कोई मतलब नहीं था कि वह सॉफ्टवेयर एक्सेस प्वॉइंट एंड्रॉइड है या कोई और।

दूसरी बात यह थी कि एक ओर जहाँ क्रोम की सफलता का श्रेय पिचाई को जाता था, वहीं दूसरी ओर एंड्रॉइड की सफलता का श्रेय रुबिन को जाता था। दोनों अलग-अलग ऑपरेटिंग सिस्टम्स को मिलाकर एक एकीकृत सॉफ्टवेयर प्लेटफॉर्म तैयार किया गया, जिससे उपयोगकर्ताओं के लिए इसका उपयोग आसान हो गया। पिचाई का मानना था कि एंड्रॉइड और क्रोम पर्सनल कंप्यूटिंग के दो अलग-अलग दर्शनों का कार्यान्वयन थे। पिचाई इस उद्द्देश्य के साथ काम कर रहे थे कि इनका अनुप्रयोग भी सब प्लेटफॉर्मों पर एक जैसा हो। दोनों ऑपरेटिंग सिस्टम्स—एंड्रॉइड और क्रोम को एक लाइन में लाने की जिम्मेदारी पिचाई की थी। इसे पूरा करने के लिए उन्हें अपनी सारी ताकत लगानी थी।

एक ओर जहाँ क्रोम की सफलता का श्रेय पिचाई को जाता था, वहीं दूसरी ओर एंड्रॉइड की सफलता का श्रेय रुबिन को जाता था। दोनों अलग-अलग ऑपरेटिंग सिस्टम्स को मिलाकर एक एकीकृत सॉफ्टवेयर प्लेटफॉर्म तैयार किया गया, जिससे उपयोगकर्ताओं के लिए इसका उपयोग आसान हो गया।

दूसरी चुनौती थोड़ी और व्यावहारिक थी, जो पिचाई और रुबिन—दोनों की कार्यशैली से जुड़ी थी। रुबिन के नेतृत्व में एंड्रॉइड को गूगल के अंदर एक अलग कंपनी के रूप में संचालित किया जा रहा था। गड़बड़ की शुरुआत उसी दौरान हो गई थी। एंड्रॉइड और गूगल के अन्य डिवीजनों के बीच कार्य परिवेश को लेकर तनाव चल रहा था। उनकी अपनी टीम के अंदर भी टकराव की स्थिति मौजूद थी। दूसरी ओर, पिचाई को शांत व संयमित व्यक्ति के रूप में जाना जाता था। इन्हीं सब बातों को देखकर पेज को लग रहा था कि पिचाई पूरी तरह से उपयुक्त हैं—और उनका निर्णय गलत नहीं था। एंड्रॉयड का कार्यभार सँभालने के बाद एक-दो वर्षों के अंदर ही उन्होंने अपना करिश्माई प्रदर्शन शुरू कर दिया और एंड्रॉइड तथा अन्य डिवीजनों के बीच जो दिक्कत थी, वह दूर हो गई। ऐसा लगने लगा जैसे

कभी कोई समस्या थी ही नहीं।

पिचाई ने एक बार फिर दिखा दिया था कि वह गिनती में आनेवाले एक व्यक्ति भर नहीं हैं। वह एक प्रतिभाशाली इंजीनियर हैं। वह अच्छे और उपयोगी विचारों को ग्रहण करना और उन्हें मिलाकर एक अलग रूप देना अच्छी तरह से जानते हैं, जो लोगों को काम करने के लिए प्रेरित व प्रोत्साहित करने में उनकी मदद करता है।

चमत्कारी स्पर्श

इसमें कोई शक नहीं कि इसे चलानेवाला कोई चमत्कारी व्यक्ति ही हो सकता है।

—बिल विशॅप

गूगल में अब तक के अपने ग्यारह वर्षों में पिचाई ने उत्पादों और समस्याओं के हल के मामले में अपनी असाधारण योग्यता का प्रदर्शन किया है, जो माउंटेन व्यू की इस कंपनी के लिए किसी चमत्कार से कम नहीं रहे हैं।

गूगल में अब तक के अपने ग्यारह वर्षों में पिचाई ने उत्पादों और समस्याओं के हल के मामले में अपनी असाधारण योग्यता का प्रदर्शन किया है, जो माउंटेन व्यू की इस कंपनी के लिए किसी चमत्कार से कम नहीं रहे हैं।

कुछ लोगों को ऐसा लग सकता है कि पिचाई को जो कुछ सफलता मिली, वह उनकी किस्मत से मिली। अगर ऐसा मान भी लिया जाए तो पूरे एक दशक में हरेक प्रोडक्ट में उनका सफल होना सचमुच उनकी असाधारण किस्मत की ओर संकेत करता है।

वस्तुतः, पिचाई के पास लोगों को सुनने-समझने और अपने आस-पास के परिवेश से कुछ-न-कुछ नया जानने की अद्‌भुत योग्यता है—और यह योग्यता ही उनकी सफलता का रहस्य है। इसी के माध्यम से वह अपना स्वयं

का सूत्र और विश्लेषण तैयार करते हैं, जो हर बार सफल रहते हैं। गूगल की आरंभिक सफलता का रहस्य संभवतः उसकी कलन-विधि (अल्गोरिद्म) और संचालित कंप्यूटरों की विपुल अभिकलन शक्ति (कंप्यूटिंग पॉवर) रही थी। पिचाई की सफलता का राज यही है कि वह अपने आस-पास घटित हो रही चीजों पर पैनी नजर रखते हैं और उनके आधार पर ही अपना एक फॉर्मूला तैयार करते हैं, जो कामयाब रहता है।

गूगल टूलबार की सफलता पिचाई के लिए बहुत महत्त्वपूर्ण सिद्ध हुई। बहुत से लोग इसे मामूली उत्पाद के रूप में देख रहे थे, लेकिन पिचाई ने इसे माइक्रोसॉफ्ट की ओर से संभावित खतरे को दूर करने के लिए एक अवसर के रूप में देखा।

शुरू-शुरू में गूगल टूलबार की सफलता पिचाई के लिए बहुत महत्त्वपूर्ण सिद्ध हुई। बहुत से लोग इसे मामूली उत्पाद के रूप में देख रहे थे, लेकिन पिचाई ने इसे माइक्रोसॉफ्ट की ओर से संभावित खतरे को दूर करने के लिए एक अवसर के रूप में देखा। परंतु ऐसी बात नहीं है कि मात्र टूलबार की सफलता ने ही उन्हें इस मुकाम पर पहुँचा दिया।

सच तो यह है कि सुंदर पिचाई वह सब देख पा रहे थे, जो एरिक श्मिट जैसे बड़े-बड़े धुरंधर भी नहीं देख पाए थे। सबसे पहले तो उन्होंने यही देखा कि दुनिया की सबसे बड़ी सर्च कंपनी होने के बावजूद गूगल के पास अपना स्वयं का ब्राउजर नहीं है। उस समय जो ब्राउजर सबसे ज्यादा प्रयोग में लाया जा रहा था, वह माइक्रोसॉफ्ट का था। ऐसे में, यह खतरा तो बना ही हुआ था कि माइक्रोसॉफ्ट कभी भी गूगल की सांस-नली काट सकता था। यह तो अच्छा हुआ कि ऐसी स्थिति आने से पहले ही पिचाई ने गूगल क्रोम लॉन्च करने की पूरी तैयारी कर ली थी। इंटरनेट एक्सप्लोरर और अन्य लोकप्रिय ब्राउजरों के मार्केट शेयर अपनी ओर खींचते हुए क्रोम बाजार में छा गया। इस समय गूगल के पास विश्व के कुल ब्राउजर मार्केट शेयर का एक-तिहाई शेयर है।

पिचाई ने स्वयं बताया था, ''क्रोम ने गत वर्ष 300 प्रतिशत की वृद्धि दर्ज की। हमारे पास करोड़ों सक्रिय उपयोगकर्ता हैं। हम इसे कई नजरिए से देख सकते हैं। आँकड़ों को लेकर आप तर्क कर सकते हैं, लेकिन सामान्य रूप से मैं समझता हूँ कि प्रोडक्ट को लॉन्च करने के बाद से हमने अच्छी-खासी वृद्धि दर्ज की है। मेरी समझ से, यह कहना गलत नहीं होगा कि हम दुनिया भर के देशों में नंबर एक या नंबर दो हैं। यह भी कहना गलत नहीं होगा कि मोटे तौर पर दुनिया के लगभग एक-तिहाई उपयोगकर्ता क्रोम का इस्तेमाल कर रहे हैं और अगर कंज्यूमर स्पेस की बात करें तो एक-तिहाई से भी ज्यादा।''

गूगल क्रोम की सफलता अपने पीछे क्रोम ओ.एस. और अन्य संबंधित उत्पादों को भी लेकर आई। क्रोम ओ.एस. ने तो पर्सनल कंप्यूटिंग के प्रति लोगों का नजरिया ही बदलकर रख दिया। क्रोमबुक्स ने शिक्षा जगत् में तहलका मचा दिया है।

गूगल क्रोम की सफलता अपने पीछे क्रोम ओ.एस. और अन्य संबंधित उत्पादों को भी लेकर आई। क्रोम ओ.एस. ने तो पर्सनल कंप्यूटिंग के प्रति लोगों का नजरिया ही बदलकर रख दिया। क्रोमबुक्स ने शिक्षा जगत् में तहलका मचा दिया है। शैक्षिक संस्थाओं, खासकर यू.एस. में, द्वारा खरीदे जानेवाले कुल लैपटॉपों में इसका एक-तिहाई हिस्सा होता है, जो एप्पल मैकबुक्स (32 प्रतिशत) के करीब-करीब बराबर और माइक्रोसॉफ्ट (39 प्रतिशत) से थोड़ा नीचे है; जबकि ये दोनों क्रोमबुक्स की अपेक्षा ज्यादा लंबे समय से बाजार में हैं। न केवल क्रोमबुक्स; बल्कि क्रोम ओ.एस. ने भी क्रोमबिट, क्रोमकास्ट और क्रोमबॉक्स जैसे उत्पादों को चलाने में सहायक रहा है। इसके अलावा, क्रोम ओ.एस. जी-मेल, गूगल डॉक्स जैसे उत्पादों को ज्यादा-से-ज्यादा ग्राहकों तक पहुँचाने के लिए गूगल के हाथ का एक हथियार रहा है। बात सिर्फ उत्पाद बेचने की नहीं है—यह काम तो गूगल पहले से ही अच्छा कर रहा है—बल्कि

बात है कंप्यूटिंग को ज्यादा-से-ज्यादा लोगों की पहुँच में लाने की, चाहे वे यू.एस. में बैठे हों या फिर किसी नए उभरते बाजार में हों।

रुबिन ने न सिर्फ एक बढ़िया उत्पाद विकसित किया था, बल्कि लाखों-करोड़ों एंड्रॉइड पॉवर्ड स्मार्टफोन उपयोगकर्ताओं के हाथों में पहुँचाया था।

अब आइए, चर्चा करते हैं उस समय की स्थिति के बारे में, जब पिचाई ने एंडी रुबिन के स्थान पर कार्यभार सँभाला था। यह काम अपने आप में काफी चुनौतीपूर्ण था। रुबिन ने न सिर्फ एक बढ़िया उत्पाद विकसित किया था, बल्कि लाखों-करोड़ों एंड्रॉइड पॉवर्ड स्मार्टफोन उपयोगकर्ताओं के हाथों में पहुँचाया था। वर्ष 2014 में दुनिया भर में 1 अरब से भी ज्यादा एंड्रॉइड स्मार्टफोन बेचे गए थे, यानी स्मार्टफोन के विश्व बाजार शेयर का 80.7 प्रतिशत एप्पल आई.ओ.एस. की बिक्री 15.4 प्रतिशत थी, जबकि विंडोज फोन 2.8 प्रतिशत पर ही लटका रहा। ब्लैकबेरी का हिस्सा 0.6 प्रतिशत रहा। पिचाई उभरते बाजारों को इंटरनेट पर जोड़े रखने के लिए काम कर रहे थे। इससे एंड्रॉइड वन के लॉञ्च का रास्ता तैयार हुआ, जिसका उद्देश्य उभरते बाजारों में कम कीमत के और अच्छी गुणवत्ता के फोन उपलब्ध कराना है। भारत और फिलीपींस उन देशों में से हैं, जहाँ एंड्रॉइड वन पहले ही लॉञ्च हो चुका है।

ग्राहक क्या चाहता है, इसका पता लगा लेना पिचाई की एक खूबी है। उम्मीद की जानी चाहिए कि टेक्नोलॉजी की दुनिया में एप्पल, माइक्रोसॉफ्ट और अमेजन जैसी हस्तियों से टक्कर लेते समय उनकी यह खूबी यूँ ही बरकरार रहेगी।

इस चिड़िया के पंख कभी नहीं बिगड़ते

आपके रास्ते में ढेर सारी मुश्किल बाधाएँ आती हैं। आप स्वयं उन बाधाओं में शामिल न हों।

—रॉल्फ मार्सटन

पिचाई के जन-कौशल और व्यावसायिक कौशल के बारे में बहुत कुछ कहा जा चुका है। नेतृत्व कौशल की बात करें तो उनकी एक खूबी ऐसी है, जो उन्हें एक आदर्श नेतृत्वकर्ता की छवि में स्थापित करती है—बड़ी-से-बड़ी मुश्किल और दबाव की स्थिति में भी वह शांत और संयमित बने रहते हैं। स्वयं ही नहीं, बल्कि दूसरों को भी वह धैर्य नहीं खोने देते। आदर्श नेतृत्व की यही पहचान है और पिचाई संभवतः उस समय से इस आदर्श नेतृत्व का प्रदर्शन करते रहे हैं, जब उनकी गिनती गूगल के वरिष्ठ नेताओं में नहीं की जाती थी।

> **पिचाई के जन-कौशल और व्यावसायिक कौशल के बारे में बहुत कुछ कहा जा चुका है। नेतृत्व कौशल की बात करें तो उनकी एक खूबी ऐसी है, जो उन्हें एक आदर्श नेतृत्वकर्ता की छवि में स्थापित करती है—बड़ी-से-बड़ी मुश्किल और दबाव की स्थिति में भी वह शांत और संयमित बने रहते हैं।**

जब क्रोम लॉन्च हुआ था तो उस समय पिचाई को एप्पल और मोजीला से बात करने की जिम्मेदारी सौंपी गई थी, ताकि उनके साथ कंपनी के संबंधों पर असर न पड़े। आखिर सफारी और फायरफॉक्स क्रमशः एप्पल और मोजीला के ही हैं। पिचाई ने अपने संप्रेषण कौशल से दोनों को विश्वास में लिया और इस प्रकार उन्हें ऐसा महसूस कराया कि इससे उन्हें किसी प्रकार का खतरा नहीं है।

क्रोम की लॉन्चिंग के समय ही पिचाई के शांत और संयमित दृष्टिकोण का एक और उदाहरण देखने को मिलता है। गूगल की मार्केटिंग टीम ने क्रोम के प्रमोशन के लिए एक खास रणनीति बनाई थी, जिसमें उसने 38 पेज की एक कॉमिक बुक तैयार की थी। उस कॉमिक बुक में क्रोम की खास-खास विशेषताओं के बारे में बताया गया था। चूँकि क्रोम की लॉन्चिंग मई दिवस के दौरान हो रही थी, इसलिए ब्लॉगर्स और मीडियावालों

के पास यह कॉमिक बुक इस बात को ध्यान में रखकर पोस्ट की गई थी कि लंबे सप्ताहांत तक यह उनके मेलबॉक्स में पहुँच जाए। इसमें एक गड़बड़ यह हो गई कि जर्मनी में यह कॉमिक बुक निश्चित समय से पहले पहुँच गई, क्योंकि वहाँ छुट्टी नहीं थी। एक जर्मन ब्लॉगर ने उसी समय कॉमिक बुक को ऑनलाइन कर दिया। इससे यहाँ अफरा-तफरी मच गई और मैरिसा मेयर (जो उस समय पिचाई की बॉस थीं) से लेकर पिचाई तक और टीम के अन्य सब सदस्यों को गूगल के मुख्यालय में बुलाया गया।

बैठक कक्ष में मौजूद सौ से भी ज्यादा लोगों को संबोधित करते समय उन्होंने सबको ऐसा महसूस कराया कि वह उन सबसे अवगत हैं। क्रोध, शिकायत या दोषारोपण जैसी किसी बात का संकेत उनके वक्तव्य में नहीं था।

स्थिति पर तुरंत कुछ न किया जाता तो कहानी बहुत बिगड़ सकती थी। इसे दशक की सबसे बड़ी मार्केटिंग की गलती के रूप में दिखाया जा सकता था। उस समय एक बार फिर पिचाई ने अपनी सूझ-बूझ और संयमित कार्य-शैली का परिचय दिया। बैठक कक्ष में मौजूद सौ से भी ज्यादा लोगों को संबोधित करते समय उन्होंने सबको ऐसा महसूस कराया कि वह उन सबसे अवगत हैं। क्रोध, शिकायत या दोषारोपण जैसी किसी बात का संकेत उनके वक्तव्य में नहीं था। इससे लोगों को गलती, जो हो चुकी थी, पर दुःखी होने या पश्चात्ताप करने की बजाय इस बात की ओर ध्यान केंद्रित करने में मदद मिली कि गलती को ठीक करने के लिए क्या किया जाना चाहिए। अंततः क्रोम सफलतापूर्वक लॉन्च हो गया और इस प्रकार पिचाई, जिन्हें गूगल के अंदर और बाहर अब तक बहुत कम लोग जानते थे, वह लंबी छलाँग लगाने में सफल रहे, जिसने अंततः उन्हें गूगल में शीर्ष भूमिका तक पहुँचा दिया।

ट्विटर का नुकसान, गूगल का फायदा

जीवन की कोई सीमा नहीं है, बशर्ते आप स्वयं उसे सीमाओं में न बाँधें।

—लेस ब्राउन

दिसंबर 2010 में ट्विटर के पूर्व सी.ई.ओ. और सह-संस्थापक इवान विलियम्स के स्थान पर डिक कॉस्टोलो को सी.ई.ओ. बनाया गया। अब इवान विलियम्स प्रोडक्ट डेवलपमेंट में और अधिक सक्रिय भूमिका में आ गए थे। इससे जैसन गोल्डमैन, जो ट्विटर के प्रोडक्ट डिवीजन के प्रमुख और वाइस प्रेसीडेंट थे, के लिए समीकरण बदल गया। गोल्डमैन ने गूगल, फेसबुक या इंस्टाग्राम में से किसी को ज्वॉइन करने का संकेत तो नहीं दिया था, लेकिन ऐसा माना जा रहा था कि ट्विटर में अपनी घटती भूमिका के चलते वह कंपनी छोड़ सकते हैं।

सुंदर पिचाई के ट्विटर न ज्वॉइन करने की स्थिति में सत्या पटेल को दूसरा विकल्प माना जा रहा था। पटेल पहले डबल क्लिक के प्रोडक्ट मैनेजर रह चुके थे। बाद में गूगल ने डबल क्लिक को अधिगृहीत कर लिया था।

ऐसे मौके पर ट्विटर सुंदर पिचाई को रिझाने की कोशिश में था। सुंदर पिचाई के ट्विटर न ज्वॉइन करने की स्थिति में सत्या पटेल को दूसरा विकल्प माना जा रहा था। पटेल पहले डबल क्लिक के प्रोडक्ट मैनेजर रह चुके थे। बाद में गूगल ने डबल क्लिक को अधिगृहीत कर लिया था। इधर, गूगल पहले से ही कर्मचारी-पलायन की स्थिति से गुजर रहा था। बहुत से लोग गूगल छोड़कर फेसबुक या अन्य नई कंपनियों में जा रहे थे। दरअसल, कुछ साल पहले माइक्रोसॉफ्ट में भी ऐसा ही हुआ था, जब कंपनी के प्रतिभाशाली कर्मचारी माइक्रोसॉफ्ट छोड़कर नई कंपनियों में चले गए थे। वैसी ही स्थिति अब गूगल के सामने थी। फेसबुक नए गूगल की तरह हो गया

था, लेकिन गूगल कोशिश में था कि वह पुराना माइक्रोसॉफ्ट न बने।

उस समय फेसबुक की कर्मचारी-संख्या गूगल की तुलना में मुश्किल से 10 प्रतिशत थी; लेकिन जिस समय ट्विटर ने सुंदर पिचाई को ऑफर दिया था, उस समय तक लगभग 200 गूगलर कंपनी छोड़कर सोशल मीडिया कंपनी में जा चुके थे। वैसे, इससे गूगल पर कोई ज्यादा असर नहीं पड़ा था, क्योंकि यह संख्या उस समय गूगल के कुल कार्यबल का मुश्किल से 1 प्रतिशत थी। मसला तब ज्यादा बिगड़ गया, जब शेरिल कारा सैंडबर्ग और एरिक सेंग जैसे वरिष्ठ लोग गूगल छोड़कर जाने लगे। हॉर्वर्ड ग्रेजुएट रहे सैंडबर्ग गूगल में ग्लोबल ऑनलाइन सेल्स और ऑपरेशंस की वाइस प्रेसीडेंट थीं। वर्ष 2008 में मार्क जुकरबर्ग को लगा कि वह फेसबुक में सी.ओ.ओ. की भूमिका के लिए बिल्कुल उपयुक्त हैं। मार्च 2008 में सैंडबर्ग को गूगल से निकाल लिया गया। फेसबुक को मुनाफेवाला व्यवसाय बनाने के लिए वह बहुत हद तक जिम्मेदार थी। एरिक सेंग, जो पहले माइक्रोसॉफ्ट और याहू में काम कर चुके थे, गूगल में एक सीनियर प्रोडक्ट मैनेजर थे और एंड्रॉइड पर काम कर रहे थे। वर्ष 2010 में उन्होंने भी गूगल छोड़ दिया और फेसबुक में मोबाइल प्रोडक्ट्स के हेड बन गए।

पिचाई के चले जाने की स्थिति में गूगल को भारी नुकसान उठाना पड़ सकता था, क्योंकि उनके गूगल छोड़ने का मतलब था कि क्रोम और क्रोम ओ.एस., जो हाल ही में लॉञ्च हुए थे, पूरी तरह से आधारहीन हो जाते।

ऐसे में, स्वाभाविक रूप से चिंताजनक स्थिति थी। कई मामलों में तो कनिष्ठ स्तर के इंजीनियरों को अपने यहाँ रोके रखने और फेसबुक या ट्विटर में जाने से बचाने के लिए गूगल को बड़े-बड़े आर्थिक लाभों का ऑफर देना पड़ा। इधर, ट्विटर की ओर से पिचाई, जो उस समय गूगल के लिए एक अत्यंत महत्त्वपूर्ण संसाधन थे, को ऑफर मिलने की आशंका से उसकी चिंता और बढ़ गई थी। पिचाई के चले जाने की स्थिति में गूगल को भारी

नुकसान उठाना पड़ सकता था, क्योंकि उनके गूगल छोड़ने का मतलब था कि क्रोम और क्रोम ओ.एस., जो हाल ही में लॉन्च हुए थे, पूरी तरह से आधारहीन हो जाते।

वैसे, पिचाई को गूगल में बनाए रखने के लिए लैरी पेज के पास एक तीसरा विकल्प भी था। हालाँकि वर्ष 2010 तक ऐसा साफ-साफ तो नहीं लग रहा था, लेकिन उस समय तक पिचाई को गूगल में काम करते हुए जो महत्त्वपूर्ण सफलताएँ मिली थीं, उन्हें देखते हुए कंपनी में उन्हें महत्त्वपूर्ण जिम्मेदारी देकर बाँधा जा सकता था। उन्हें 5 करोड़ डॉलर्स नकद के साथ स्टॉक दिया जा सकता था। पिचाई जैसे प्रतिभाशाली कार्यकर्ता के मामले में कंपनी के लिए कोई बड़ी बात नहीं थी। वर्ष 2010 में गूगल का सी.ई.ओ. बनते ही लैरी पेज ने सुंदर पिचाई को गूगल में प्रोडक्ट डिवीजन का वाइस प्रेसीडेंट बना दिया था। उसके बाद पिचाई ने पीछे मुड़कर नहीं देखा और लगातार आगे ही बढ़ते रहे। वर्ष 2010 में जो भूमिका बननी शुरू हुई थी, वह 2015 में जाकर उत्कर्ष पर पहुँच गई, जब लैरी पेज ने गूगल की कमान पिचाई को दे दी, लेकिन ऐसा मानना मूर्खता होगी कि उन्हें ट्विटर या फेसबुक में जाने से रोकने के लिए पेज ने ऐसा किया था। वर्ष 2010 में जिस तरह की स्थितियाँ थीं, उनके मद्देनजर ऐसा कदम महत्त्वपूर्ण भूमिका अदा कर सकता था, जब ट्विटर की ओर से पिचाई को ऑफर मिल रहा था। लेकिन उसके बाद पिचाई ने इस मुकाम तक पहुँचने के रास्ते में एक-एक मील का पत्थर स्वयं चलकर तय किया है।

पिचाई जैसे प्रतिभाशाली कार्यकर्ता के मामले में कंपनी के लिए कोई बड़ी बात नहीं थी। वर्ष 2010 में गूगल का सी.ई.ओ. बनते ही लैरी पेज ने सुंदर पिचाई को गूगल में प्रोडक्ट डिवीजन का वाइस प्रेसीडेंट बना दिया था।

शीर्ष पर दूसरा नया व्यक्ति

पिछले दो सालों में दो व्यक्तियों ने भारत को गौरवान्वित किया है। दोनों व्यक्तियों में कुछ अंतर हैं तो कुछ समानताएँ भी हैं।

फरवरी 2014 में हैदराबाद के एक व्यक्ति को माइक्रोसॉफ्ट का सी.ई.ओ. नामित किया गया। नडेला एक सीधे-सरल व्यक्ति हैं, जो स्वदेशी मूल्यों का सम्मान करते हैं। अपनी ज्यादातर शिक्षा भारत में प्राप्त करनेवाले नडेला ने अपनी योग्यता के बल पर यू.एस. में यह मुकाम हासिल किया। माइक्रोसॉफ्ट ज्वॉइन करने से पहले उन्होंने कुछ समय के लिए सन माइक्रोसिस्टम्स में काम किया था। वैसे, शुरू से ही वह माइक्रोसॉफ्ट से जुड़े रहे हैं। बिल गेट्स और स्टीव बॉल्मर के बाद वह माइक्रोसॉफ्ट के तीसरे सी.ई.ओ. हैं।

> **नडेला एक सीधे-सरल व्यक्ति हैं, जो स्वदेशी मूल्यों का सम्मान करते हैं। अपनी ज्यादातर शिक्षा भारत में प्राप्त करनेवाले नडेला ने अपनी योग्यता के बल पर यू.एस. में यह मुकाम हासिल किया।**

सुंदर पिचाई का जन्म मदुरई नामक छोटे से कस्बे में हुआ था और उनका पालन-पोषण चेन्नई में हुआ था। नडेला की तरह ही पिचाई की शिक्षा भी पहले चेन्नई में और बाद में खड़गपुर में हुई। सादगी और स्वदेशी मूल्यवत्ता के मामले में भी दोनों लगभग एक जैसे हैं। नडेला की तरह ही पिचाई भी अपनी योग्यता के बल पर यू.एस. में इस मुकाम पर पहुँचे हैं। गूगल ज्वॉइन करने से पहले पिचाई दो अन्य कंपनियों—एप्लाइड मैटीरियल्स और मैकेंजी में काम कर चुके हैं, लेकिन गूगल में आने के बाद उन्होंने दूसरी ओर मुड़कर नहीं देखा। एरिक श्मिट और लैरी पेज के बाद पिचाई गूगल के तीसरे सी.ई.ओ. हैं, जिसमें पेज ने सी.ई.ओ. के रूप में दो कार्यकाल पूरे किए हैं।

कॉरपोरेट जगत् की राजनीति से स्वयं को दूर रखते हुए पिचाई और नडेला दोनों ने अपनी-अपनी कार्यशैली में संतुलन बनाए रखा है। अपनी-अपनी कंपनी में दोनों की स्थिति ऐसी रही है कि शायद ही कोई ऐसा व्यक्ति होगा, जिसे उनसे दिक्कत रही हो। दोनों के जन-कौशल का यह सबसे

बड़ा साक्ष्य है।

दोनों में एक समानता यह भी है कि दोनों अपनी-अपनी कंपनी में ब्राउजर पर काम करते रहे हैं। कुछ मामलों में नडेला ने माइक्रोसॉफ्ट के बिंग के लिए अत्यंत महत्त्वपूर्ण कार्य किए हैं। दूसरी ओर, गूगल क्रोम के लिए पिचाई का योगदान भी किसी चमत्कार से कम नहीं रहा है।

दोनों ही लोग इंडस्ट्री के भविष्य के लिए क्लाउड और मोबाइल विकास के महत्त्व को समझते हैं। एक ओर जहाँ कम कीमत के और अच्छी गुणवत्ता के स्मार्टफोन उभरते बाजारों में लॉन्च करने के लिए नडेला ने कार्बन, माइक्रोमैक्स, लावा (जोलो), लिनोवो, एलजी और प्रेस्टीजिओ जैसे थर्ड-पार्टी फोन मैन्युफेक्चरर्स से हाथ मिलाया है, वहीं दूसरी ओर एंड्रॉइड के मामले में पिचाई की रणनीति भी कुछ ज्यादा अलग नहीं रही है।

माइक्रोसॉफ्ट के लिए एक सकारात्मक बात यह है कि अपने पूर्ववर्ती (स्टीव बॉल्मर) से अलग रास्ते पर चलते हुए नडेला नई दुनिया को बिग डाटा, क्लाउड सेवाओं और जुड़े हुए उपकरणों की दुनिया के रूप में देख रहे हैं।

हाँ, क्लाउड सेवाओं के मामले में दोनों में थोड़ा अंतर है। पिचाई ने क्रोम के माध्यम से गूगल में क्लाउड सेवाओं को उन्नत बनाया है। इसके अलावा, गूगल के पास एंड्रॉइड है, जो मुख्य रूप से मोबाइल डिवाइसेज के लिए एक ओपन सोर्स ऑपरेटिंग सिस्टम है। क्रोम और एंड्रॉइड—दोनों ही मुफ्त हैं और गूगल की मुक्त-स्रोत (ओपन सोर्स) कार्य-शैली स्पष्ट रूप से माइक्रोसॉफ्ट की स्वामित्वाधीन (प्रोपराइटरी) से तुलना करती है। ट्रैफिक को अपनी ऑनलाइन सेवाओं की ओर चैनेलाइज करने के लिए गूगल ने अपने ब्राउजर और ऑपरेटिंग सिस्टम को संयोजित किया है, ताकि उनसे बेहतर रिटर्न प्राप्त किया जा सके। इसी तरह एंड्रॉइड भी ट्रैफिक को ऑपरेटिंग सिस्टम पर केंद्रित करने की बजाय गूगल की सेवाओं की ओर चैनलाइज कर रहा है।

संभवत: माइक्रोसॉफ्ट को ऑपरेटिंग सिस्टम की ओर से अपना ध्यान हटाकर एक अलग रास्ते पर चलने की जरूरत है। माइक्रोसॉफ्ट के लिए एक सकारात्मक बात यह है कि अपने पूर्ववर्ती (स्टीव बॉल्मर) से अलग रास्ते पर चलते हुए नडेला नई दुनिया को बिग डाटा, क्लाउड सेवाओं और जुड़े हुए उपकरणों की दुनिया के रूप में देख रहे हैं। इससे पता चलता है कि नडेला इस सच्चाई से वाकिफ हैं कि माइक्रोसॉफ्ट का भविष्य विंडोज तक सीमित नहीं होना चाहिए, बल्कि इसे मोबाइल, क्लाउड और जुड़े हुए उपकरणों की दुनिया से जोड़ा जाना चाहिए, जिसमें ऑपरेटिंग सिस्टम की भूमिका क्लाउड सेवाओं की अपेक्षा कम से कमतर होती जाती है।

वर्ष 2010 में ट्विटर के ऑफर, जो उसने पिचाई को दिया था, के बारे में तो हर किसी को पता चला था; लेकिन यह बात बहुत कम लोगों को पता थी कि वर्ष 2014 में माइक्रोसॉफ्ट भी पिचाई को अपने यहाँ सी.ई.ओ. बनाने पर विचार कर रहा था। वास्तविकता क्या थी, यह बता पाना तो मुश्किल है, लेकिन इससे कुछ दिलचस्प विचार तो मन में आते ही हैं, खासकर उस स्थिति में माइक्रोसॉफ्ट के सी.ई.ओ. की भूमिका में दोनों की तुलना की जाती।

अगर व्यक्तिगत कंप्यूटर (पी.सी.) पर क्रोम और मोबाइल उपकरणों पर एंड्राइड की बात करें तो अनुभव में पिचाई संभवत: नडेला से एक कदम आगे हैं। चूँकि मोबाइल के क्षेत्र में माइक्रोसॉफ्ट को संघर्ष करना पड़ा है, इसलिए इस क्षेत्र में पिचाई माइक्रोसॉफ्ट के लिए निश्चित रूप से उपयोगी साबित हो सकते थे।

एक बात तो यह कि पिचाई उपभोक्ता-आधारित व्यवसाय देखते रहे हैं और ग्राहक की सोच की उन्हें अच्छी समझ है। दूसरी ओर, उद्यम के दृष्टिकोण से नडेला की योग्यता का कोई जोड़ नहीं है। सी.ई.ओ. बनने से पहले वह माइक्रोसॉफ्ट में क्लाउड और उद्यम के प्रमुख रह चुके थे और इन क्षेत्रों से कंपनी को काफी मुनाफा हुआ है। अगर व्यक्तिगत कंप्यूटर (पी.सी.)

पर क्रोम और मोबाइल उपकरणों पर एंड्राइड की बात करें तो अनुभव में पिचाई संभवतः नडेला से एक कदम आगे हैं। चूँकि मोबाइल के क्षेत्र में माइक्रोसॉफ्ट को संघर्ष करना पड़ा है, इसलिए इस क्षेत्र में पिचाई माइक्रोसॉफ्ट के लिए निश्चित रूप से उपयोगी साबित हो सकते थे। इधर, एंटरप्राइज सॉफ्टवेयर के क्षेत्र में नडेला की काबिलीयत इस समीकरण को बराबर कर देती है, क्योंकि यह माइक्रोसॉफ्ट के लिए राजस्व और विकास का प्रमुख स्रोत रहा है और अब भी है। नडेला को माइक्रोसॉफ्ट की कार्य-संस्कृति, जो गूगल से काफी अलग है, की अच्छी समझ है। उस स्थिति में यह नडेला की सबसे बड़ी खूबी हो सकती थी। ऐसे में, पिचाई को माइक्रोसॉफ्ट के स्टाफ के साथ सामंजस्य बैठाने के लिए संघर्ष करना पड़ता, जबकि नडेला के सामने ऐसी कोई समस्या नहीं थी।

अब अगर एक आदर्श हल की बात करें तो माइक्रोसॉफ्ट के सी.ई.ओ. के रूप में सत्या नडेला और सुंदर पिचाई का संयोग एक आदर्श हल हो सकता था। इससे कंपनी दोनों क्षेत्रों—उपभोक्ता और उद्यम—में संतुलन बनाकर आगे बढ़ सकती थी। खैर, यह कहानी स्वयं में अलग है, जो शायद अब नहीं लिखी जाएगी।

अब अगर एक आदर्श हल की बात करें तो माइक्रोसॉफ्ट के सी.ई.ओ. के रूप में सत्या नडेला और सुंदर पिचाई का संयोग एक आदर्श हल हो सकता था। इससे कंपनी दोनों क्षेत्रों—उपभोक्ता और उद्यम—में संतुलन बनाकर आगे बढ़ सकती थी।

नडेला और पिचाई—दोनों ही नई-नई चुनौतियों का सामना करने और सतत रूप से कुछ-न-कुछ नया सीखते रहने की काबिलीयत रखते हैं। गत वर्ष नडेला ने अपनी अनुकूलन की योग्यता का परिचय देते हुए ऐसे बदलावों को जन्म दिया है, जिनका आनेवाले वर्षों में जबरदस्त प्रभाव देखने को मिलेगा। पिछले दशक में अपने कार्यों से पिचाई ने भी यह दिखा दिया है कि वह कई अलग-अलग भूमिकाओं में ऐसा करने की योग्यता

रखते हैं। गूगल और माइक्रोसॉफ्ट—दोनों ही सक्षम हाथों में हैं। कितना सुंदर संयोग है कि दोनों ही व्यक्ति क्रिकेट प्रेमी हैं। अब यह तो समय ही बताएगा कि हैदराबादी खिलाड़ी ज्यादा रन बना पाता है या फिर चेन्नई का गेंदबाज उसे आउट कर देता है? तो, फिलहाल हमें इस रोमांचक खेल को देखते रहना है।

□

भाग–3

गूगल का पारिस्थितिक तंत्र

'युवाओं में मुझे अस्तित्व को लेकर एक चिंता दिखाई देती है। मेरे साथ ऐसा नहीं था। आज के युवाओं को बड़े-बड़े पहाड़ दिखाई देते हैं। मुझे तो वह छोटी-सी पहाड़ी दिखाई देती थी, जिस पर चढ़ना होता था।'

—सर्गेई ब्रिन

आदि से अनंत तक

'मौलिकता का अर्थ कुछ नया विकसित या उत्पादित करने से नहीं होता। मौलिकता का अर्थ उस स्रोत, उस जमीन तक पहुँचने से होता है, जहाँ से आपको अपना अस्तित्व प्राप्त होता है। यह मौलिकता तब आती है, जब व्यक्ति अपने मूल में जाकर काम करता है। यह एक शाश्वत आवर्तन की प्रक्रिया है, जो स्वप्न-समय जितनी पुरानी है, जब हमारे प्रथम पूर्वजों की रचना हुई थी।'

—बिली मार्शल स्टोनकिंग

कहा जाता है कि अगर किसी व्यक्ति या वस्तु के बारे में ज्यादा कुछ जानना हो तो पहले यह देखना चाहिए कि वह कहाँ से आती है, यानी उसका उद्‍गम स्रोत क्या या कहाँ है?

इसका गूगल से अच्छा उदाहरण और कोई नहीं हो सकता। गूगल की पारिस्थितिक तंत्र (इकोसिस्टम) को समझने के लिए यह जान लेना जरूरी हो जाता है कि कंपनी की उत्पत्ति कहाँ से और किसके द्वारा हुई है? इसके बिना

41 वर्षीय आप्रवासी भारतीय सुंदर पिचाई की यह कहानी अधूरी रह जाती है कि किस प्रकार वह दुनिया के एक सबसे प्रतिष्ठित संगठन के सी.ई.ओ. बने? इससे हमें यह समझने में भी मदद मिलेगी कि वर्ष 1998 में अस्तित्व में आए गूगल ने कैसे और क्यों माइक्रोसॉफ्ट जैसी कंपनी की खाट खड़ी कर दी? (यहाँ यह बात विशेष रूप से उल्लेखनीय है कि जिस समय गूगल के सह-संस्थापक स्टैनफोर्ड में पढ़ाई कर रहे थे और गूगल के वर्तमान सी.ई.ओ. उच्च शिक्षा के लिए यू.एस. भी नहीं आए थे, उस समय माइक्रोसॉफ्ट पहले से ही प्रौद्योगिकी क्षेत्र की विशाल कंपनी थी। गूगल के उद्गम के बारे में जान लेने से हमें यहाँ की मौजूदा कार्य-संस्कृति को समझने में मदद मिलेगी और हम जान सकेंगे कि ऐसा क्या है, जिसने इसे अपनी कार्य-संस्कृति और नव-प्रवर्तनकारी मूल्यों से जोड़े रखा है?)

गूगल की पारिस्थितिक तंत्र (इकोसिस्टम) को समझने के लिए यह जान लेना जरूरी हो जाता है कि कंपनी की उत्पत्ति कहाँ से और किसके द्वारा हुई है? इसके बिना 41 वर्षीय आप्रवासी भारतीय सुंदर पिचाई की यह कहानी अधूरी रह जाती है कि किस प्रकार वह दुनिया के एक सबसे प्रतिष्ठित संगठन के सी.ई.ओ. बने?

संक्षेप में, अगर हम गूगल के भविष्य और नए सी.ई.ओ. के रूप में सुंदर पिचाई की भूमिका के बारे में कुछ कहना चाहें तो सबसे पहले हमें इस फर्म के और इसके संस्थापकों के अतीत में डुबकी लगानी होगी।

मतभेद होना अच्छा है

'मत या सोच में अंतर होने से प्राय: (हमें कुछ-न-कुछ) सीखने का मौका मिलता है।'

—टेरी टेंपेस्ट विलियम्स

सर्गेई ब्रिन और लैरी पेज की मुलाकात वर्ष 1995 में स्टैनफोर्ड कैंपस में हुई थी। ब्रिन एक प्रतिभाशाली गणित शास्त्री थे; उन्नीस वर्ष की उम्र में अपना अंडर ग्रेजुएट प्रोग्राम पूरा करके उन्होंने स्टैनफोर्ड में डॉक्टरल प्रोग्राम के लिए नामांकन कराया था। पेज ने भी स्टैनफोर्ड में पी-एच.डी. में दाखिला लिया था। सोच और स्वभाव में दोनों बिल्कुल अलग थे। ब्रिन का स्वभाव बहिर्मुखी था, जबकि पेज अंतर्मुखी स्वभाव के थे। वाद-विवाद में भी दोनों का तर्क अलग-अलग दृष्टिकोण लिये हुए होता था। इससे दोनों के मस्तिष्क की सक्रियता और रचनात्मकता खुलकर सामने आती थी।

स्टैनफोर्ड में दोनों—ब्रिन और पेज अलग-अलग प्रोजेक्ट पर काम कर रहे थे। उनका आपस में हँसी-मजाक और वाद-विवाद देखकर उनके दूसरे साथी परेशान हो उठते थे। पेज और ब्रिन के बीच जो कुछ चल रहा था, धीरे-धीरे वह दूसरे लोगों की समझ में भी आने लगा था।

वाद-विवाद का उनका यह शौक सिर्फ स्टैनफोर्ड तक ही सीमित नहीं था। आज भी दोनों की सोच और काम करने का तरीका वैसा ही है। चर्चाओं को प्रोत्साहित किया जाता है, सबको अपनी राय या मत रखने का मौका दिया जाता है। जब मसला सुलझ जाता है, तभी दोनों को चैन मिलता है।

स्टैनफोर्ड में दोनों—ब्रिन और पेज अलग-अलग प्रोजेक्ट पर काम कर रहे थे। उनका आपस में हँसी-मजाक और वाद-विवाद देखकर उनके दूसरे साथी परेशान हो उठते थे। पेज और ब्रिन के बीच जो कुछ चल रहा था, धीरे-धीरे वह दूसरे लोगों की समझ में भी आने लगा था। अगर आप खुली और पारदर्शी कार्य-संस्कृति विकसित करना चाहते हैं तो जरूरी है कि शुरू और स्पष्ट मानसिकता के साथ खुलकर तर्क-वितर्क करें। इससे भी ज्यादा महत्त्वपूर्ण बात यह थी कि खुली बहस या चर्चा से मस्तिष्क की सक्रियता और रचनात्मकता का विकास हो रहा था।

गूगल द्वारा जो भी प्रोडक्ट लॉन्च किया जाता है या लॉन्च करने का

निर्णय लिया जाता है, उस पर खुली चर्चा होती है। इस तरह की परिपाटी से कंपनी की कार्य-संस्कृति प्रभावशाली बनी रही है। साथ ही, इससे कंपनी की प्रतिभा और रचनात्मकता भी अच्छी स्थिति में बनी रही है।

अलग-अलग मत रखने के लिए प्रोत्साहित करने की संस्कृति का ही परिणाम था कि उस समय पिचाई, जो कनिष्ठ स्तर पर थे, यह सुझाव देने की हिम्मत कर पाए थे कि कंपनी का अपना स्वयं का ब्राउजर होना चाहिए जबकि सी.ई.ओ. (एरिक श्मिट) स्वयं इसके पक्ष में नहीं थे। वैसे, उस समय भले ही श्मिट इसके पक्ष में नहीं थे, लेकिन बाद में उन्होंने स्वयं इस प्रोजेक्ट को हरी झंडी दी थी। इससे भी कंपनी की स्वस्थ कार्य-संस्कृति का आभास मिलता है। गूगल का पारिस्थितिक-तंत्र और पिचाई तथा उनकी टीम की मेहनत ने आखिरकार क्रोम को कंपनी का एक सबसे सफल उत्पाद बना दिया।

गूगल के लिए एक कदम, मनुष्य के लिए लंबी छलाँग

'एक नेता के रूप में मेरी जिम्मेदारी यह देखने की है कि कंपनी में हर किसी को ढेर सारे अवसर मिलें और हर किसी को लगे कि समाज की भलाई में वह सार्थक योगदान दे रहा है। एक दुनिया के रूप में यह काम हम बहुत अच्छे से कर रहे हैं। मेरा लक्ष्य गूगल को पीछे-पीछे चलने की बजाय आगे-आगे चलने में सक्षम बनाना है।'

—लैरी पेज

अगस्त 1995 में नेटस्केप सार्वजनिक हुई। एक ही दिन में इसका स्टॉक प्राइस लगभग तीन गुना हो गया। इस समय हर किसी को लगने लगा था कि नेटस्केप एक-न-एक दिन माइक्रोसॉफ्ट को दबोच लेगी।

स्टैनफोर्ड, जहाँ ब्रिन और पेज अपनी-अपनी पी-एच.डी. की तैयारी में जुटे थे, में जबरदस्त उत्साह का माहौल था। होनहार और युवा छात्रों

की आँखों में नए-नए विचारों और विश्वास की चमक दिखाई दे रही थी। स्टैनफोर्ड एक ऐसा स्थान था, जहाँ शिक्षा और उद्यम के समन्वयन को प्रोत्साहित किया जाता रहा था। सन माइक्रोसिस्टम जैसी कंपनियों का जन्म स्टैनफोर्ड कैंपस में ही हुआ था और छात्रों व शिक्षकों को भी पता था कि ऐसी और भी कई कंपनियाँ यहाँ जन्म लेंगी।

इधर ब्रिन और पेज—दोनों अलग-अलग प्रोजेक्ट पर काम कर रहे थे, परंतु उनका एक-दूसरे से इतना जुड़ाव था कि अपने-अपने काम के बारे में एक-दूसरे से चर्चा करना स्वाभाविक था। उसी दौरान उनके मन में एक विचार उभरा, जो उस समय उपस्थित एक समस्या का हल था। उन दिनों वेब पर सूचनाएँ सर्च करना बहुत मुश्किल काम हुआ करता था। हालाँकि वेबक्रॉलर, इंकटॉमी, लाइकोस, इन्फोसिक जैसे लोकप्रिय सर्च इंजन मौजूद थे, लेकिन सटीक जानकारी प्राप्त करने के लिए उपयोगकर्ताओं को ढेर सारे डाटा से होकर गुजरना पड़ता था। ब्रिन और पेज ने इस समस्या का हल निकालने का फैसला किया। अपने सहकर्मियों के साथ काम करते हुए और कुछ फैकल्टी मेंबरों की सहायता से उन्होंने एक लिंक रेटिंग सिस्टम तैयार किया, जिसे उन्होंने 'पेज रैंक' नाम दिया। इसे वेब में एप्लाई किया गया और इस प्रकार गूगल का पहला वर्जन अस्तित्व में आया, जिसे उन्होंने 'बैकरब' नाम दिया और अंत में 'गूगोल' शब्द, जिसका प्रयोग अंक 1 के पीछे सौ शून्य से बननेवाली संख्या के लिए किया जाता है। यह नाम पूरी तरह से उपयुक्त था, क्योंकि इसके जरिए उपयोगकर्ता वेब पर असीमित मात्रा में सूचनाएँ सर्च कर सकते हैं। यह नाम चुनने के पीछे ब्रिन और पेज का यही मकसद रहा था।

थोड़े ही समय में गूगल का यूजर्स बेस काफी बढ़ गया। इसके लिए व्यापक कंप्यूटिंग पॉवर की जरूरत थी और व्यापक कंप्यूटिंग पॉवर के लिए ढेर सारे कंप्यूटरों की जरूरत थी। इन सब कामों के लिए फंड्स की जरूरत थी। शुरू-शुरू में दोनों खराब पड़े उपकरणों में से काम के पुर्जे तलाश किया करते थे, जिनसे वे अपनी मशीन बना सकते थे। थोड़े ही समय में उन्हें लगने

लगा कि जिस गति से उनका यूजर्स बेस और डाटा बढ़ रहा है, उसे देखते हुए उन्हें कंप्यूटर के अलावा अन्य चीजों की भी जरूरत पड़ेगी। उस दौरान याहू के एक सह-संस्थापक डेविड फिलो (जो स्वयं भी स्टैनफोर्ड के स्नातक थे) ने ब्रिन और पेज को अपनी खुद की कंपनी शुरू करने के लिए प्रोप्साहित करने में छोटी-सी भूमिका निभाई, जो माइक्रोसॉफ्ट की एक बड़ी प्रतिद्वंद्वी बनने वाली थी। उन्होंने ब्रिन और पेज को सलाह दी कि अगर गूगल को सचमुच अस्तित्व में लाना है तो उन्हें अपने पी-एच.डी. प्रोग्राम से (कुछ दिन की) छुट्टी ले लेनी चाहिए। वर्ष 1998 के मध्य में सन माइक्रोसिस्टम्स के एक सह-संस्थापक एंडी बेचटोलशीम ने उन्हें पहले फंडिंग (वित्त पोषण) के रूप में 1 लाख डॉलर्स का चेक दिया।

याहू के एक सह-संस्थापक डेविड फिलो (जो स्वयं भी स्टैनफोर्ड के स्नातक थे) ने ब्रिन और पेज को अपनी खुद की कंपनी शुरू करने के लिए प्रोप्साहित करने में छोटी-सी भूमिका निभाई, जो माइक्रोसॉफ्ट की एक बड़ी प्रतिद्वंद्वी बनने वाली थी।

क्रांति शुरू करने के लिए 2.5 करोड़ डॉलर

> *'सर्च अत्यधिक चुनौतीपूर्ण है और टेक्नोलॉजी में सुधार महत्त्वपूर्ण हैं। हर रोज 10 करोड़ वेब सर्च होते हैं। कई तरह के कामों में तुरंत सही जानकारी प्राप्त करना वेब यूजर्स के लिए बहुत जरूरी हो जाता है। गूगल ने सर्च टेक्नोलॉजी में एक क्रांति को जन्म दिया है और वह यूजर्स की जरूरत के अनुसार सूचनाएँ उपलब्ध करा रहा है।'*
>
> ***—जॉन डूअर***

जिस समय ब्रिन और पेज गूगल पर काम कर रहे थे, उस समय क्लीनर पर्किंस कॉफील्ड एंड बायर्स सिलिकॉन वैली की सबसे प्रतिष्ठित वेंचर

कैपिटल फर्म में से एक थी। सिकोइया कैपिटल ऐसी एक अन्य कंपनी थी। क्लीनर पर्किंस कॉफील्ड एंड बायर्स का प्रतिनिधित्व करनेवाले जाने-माने निवेशक जॉन डूअर थे, जबकि सिकोइया कैपिटल का संचालन माइकल मॉरिट्ज कर रहे थे, जो ऐसी कंपनियों की तलाश में थे, जिनके साथ वह अपना फंड लगा सकते। सिकोइया पहले याहू में 20 लाख डॉलर्स का निवेश कर चुकी थी और आई.पी.ओ. पर अच्छा मुनाफा कमाया था। यह एक संयोग ही था कि याहू के संस्थापक भी स्टैनफोर्ड से ही थे। मॉरिट्ज भावनाओं में आकर कहीं निवेश करनेवाले व्यक्ति नहीं थे। वैसे, वह गूगल को याहू के लिए विक्रेता बनने के एक अवसर के रूप में देख रहे थे। दूसरी ओर, जॉन डूअर अमेरिका ऑनलाइन (ए.ओ.एल.) के एक निवेशक थे और इंटरनेट के क्षेत्र में अच्छा अवसर देख रहे थे। गूगल इस क्षेत्र में काम कर रहा था, यह बात क्लीनर पर्किंस के इस प्रतिनिधि के लिए बहुत दिलचस्प थी।

क्लीनर पर्किंस कॉफील्ड एंड बायर्स का प्रतिनिधित्व करनेवाले जाने-माने निवेशक जॉन डूअर थे, जबकि सिकोइया कैपिटल का संचालन माइकल मॉरिट्ज कर रहे थे, जो ऐसी कंपनियों की तलाश में थे, जिनके साथ वह अपना फंड लगा सकते।

परंतु गूगल की समस्या दूसरी नई कंपनियों की समस्या से अलग थी। उसके पास दो-दो वेंचर कैपिटल फर्में थीं, जो उसके यहाँ निवेश करना चाहती थीं। दिक्कत यह थी कि दोनों में से एक भी सह-निवेश के लिए सहज नहीं थीं, यानी ब्रिन और पेज के पास दो ही विकल्प थे—या तो दोनों को अपने यहाँ बोर्डरूम में स्थान देते या फिर दोनों में से किसी को भी नहीं। वैसे, वे इस बात के लिए तैयार नहीं थे कि दोनों (वेंचर कैपिटल फर्मों) में से किसी एक का भी उनकी कंपनी में नियंत्रण रहे। इस स्थिति से तभी बचा जा सकता था, जब सिकोइया और क्लीनर पर्किंस, दोनों एक साथ निवेश करतीं। इससे कंपनी का नियंत्रण पेज और ब्रिन के पास ही रहता।

बहुत सोच-विचार के बाद अंत में 25 लाख डॉलर्स के निवेश का निर्णय लिया गया (जिसमें दोनों फर्मों की हिस्सेदारी थी)। जून 1999 में यह डील साइन हुई। अब, गूगल सर्च की दुनिया में बड़े-बड़े खिलाड़ियों से टक्कर लेने की स्थिति में आ गई थी। सबसे महत्त्वपूर्ण बात यह थी कि उसके साथ सिलिकॉन वैली के दो सबसे प्रतिष्ठित लोग थे। उनके अनुभव और जन-संपर्क का लाभ भी कंपनी को मिलने वाला था। परंतु इस नए निवेश से गूगल जिस क्रांति की शुरुआत करने जा रहा था, वह जल्दी ही दुनिया के अलग-अलग कोनों तक फैलने वाली थी।

सर्च इंजन का परिदृश्य

'किसी व्यवसाय में इस्तेमाल की जानेवाली प्रौद्योगिकी का पहला नियम यह है कि जिस काम में उसका इस्तेमाल किया जाए, उसमें कार्य-कुशलता और उत्पादकता में वृद्धि होनी चाहिए। दूसरा नियम यह है कि अगर उसे अनुपयुक्त या अकुशल कार्य में इस्तेमाल किया जाए तो कार्य में अकुशलता या अनुत्पादकता आनी चाहिए।'

—बिल गेट्स

सर्च इंजन को आज हम जिस स्वरूप में देख रहे हैं, उस स्वरूप तक पहुँचाने का श्रेय मैथ्यू ग्रे को जाता है, जिन्होंने वर्ष 1993 में एक सर्च इंजन विकसित किया था।

वर्ष 1990 में एलन एमटेज ने 'आर्ची' के नाम से एक सर्च इंजन बनाया, जो संभवत: दुनिया का पहला सर्च इंजन था। इससे सर्च उद्योग में अचानक बड़े बदलाव देखने को मिले। वर्ष 1991 में मिनिसोटा यूनिवर्सिटी के मार्क मैकहिल ने 'गोफर' बनाया, जो फाइल में प्लेन टेक्स्ट रेफरेंस सर्च करने का काम करता था।

सर्च इंजन को आज हम जिस स्वरूप में देख रहे हैं, उस स्वरूप तक पहुँचाने का श्रेय मैथ्यू ग्रे को जाता है, जिन्होंने वर्ष 1993 में एक सर्च इंजन विकसित किया था। 'वांडेक्स' नामक इस सर्च इंजन में इंटरनेट पर सूचीबद्ध पेजों का कैटलॉग सर्च करने के लिए वेब को क्रॉल करने की जो टेक्नोलॉजी इस्तेमाल की जा रही थी, वह अपनी तरह की पहली टेक्नोलॉजी थी।

दिलचस्प बात है कि '90 के दशक की शुरुआत में सर्च के दो अलग-अलग तरह के स्वरूप लोकप्रिय हुए। उनमें से एक वेब डायरेक्टरी का काम करता था, जो शुरुआती चरण में लोकप्रिय थीं। दूसरा सर्च इंजन सार-सामग्रियों को ढूँढ़ने का काम करता था, जो दशक के उत्तरार्द्ध में ज्यादा लोकप्रिय हुआ।

'वांडेक्स' के साथ-ही-साथ वर्ष 1993 में 'एक्साइट' नामक एक अन्य सर्च इंजन आया। इंटरनेट से जुड़े अन्य ज्यादातर प्रोजेक्ट की तरह इसकी उत्पत्ति भी स्टैनफोर्ड से हुई थी। वेब पर सर्च की प्रासंगिकता बढ़ाने के लिए शब्दों के मध्य संबंध के सांख्यिकीय विश्लेषण का इस्तेमाल करनेवाला 'एक्साइट' पहला सर्च इंजन था। 'एक्साइट' प्रोजेक्ट पर काम तो वर्ष 1993 में ही शुरू हो गया था लेकिन वाणिज्यिक स्तर पर यह वर्ष 1995 में अस्तित्व में आया।

'वांडेक्स' के साथ-ही-साथ वर्ष 1993 में 'एक्साइट' नामक एक अन्य सर्च इंजन आया। इंटरनेट से जुड़े अन्य ज्यादातर प्रोजेक्ट की तरह इसकी उत्पत्ति भी स्टैनफोर्ड से हुई थी। वेब पर सर्च की प्रासंगिकता बढ़ाने के लिए शब्दों के मध्य संबंध के सांख्यिकीय विश्लेषण का इस्तेमाल करनेवाला 'एक्साइट' पहला सर्च इंजन था।

'एक्साइट' उन सर्च इंजनों में से एक था, जो वर्ष 1998 में गूगल के आ जाने से बुरी तरह से प्रभावित हुए थे। अंततः वर्ष 2004 में 'आस्क जीव्स' नामक एक अन्य सर्च पोर्टल ने 'एक्साइट' को अधिगृहीत कर लिया।

वर्ष 1994 में स्टैनफोर्ड के दो ग्रेजुएट—डेविड फिलो और जेरी यांग ने

'याहू' नाम से एक कंपनी शुरू की। वैसे तो यह स्वयं को एक इ-मेल कंपनी के रूप में देख रही थी, लेकिन इसके साथ ही यह अपनी याहू डायरेक्टरी के जरिए सर्च की सेवा भी उपलब्ध करा रही थी। यह मैनुअली संपादित और वर्गीकृत होती थी। शुरू में तो यह काफी लोकप्रिय रही, लेकिन आगे चलकर यह वेब की गति के साथ नहीं चल सकी और परिणामस्वरूप, '90 के दशक के अंत तक याहू डायरेक्टरीज अपनी लोकप्रियता खो बैठी। अब, अपने यूजर्स को सर्च रिजल्ट उपलब्ध कराने के लिए याहू की अन्य सर्च इंजनों पर निर्भरता बढ़ गई। इंकटॉमी ऐसा ही एक सर्च इंजन था। बाद में गूगल ने इसका स्थान ले लिया।

वर्ष 1994 में मार्केट में छा जानेवाला दूसरा सर्च इंजन 'वेबक्रॉलर' था। वॉशिंग्टन यूनिवर्सिटी के ब्रायन पिंकरटन द्वारा तैयार किया गया यह सर्च इंजन फुल टेक्स्ट सर्च उपलब्ध करानेवाला अपनी तरह का पहला सर्च इंजन था। साथ ही, शुरू के पहले वर्ष में पूरी तरह से विज्ञापन से प्राप्त होनेवाले राजस्व पर चलनेवाला भी यह पहला सर्च इंजन था। बाद में गूगल ने ऐसा ही एक मॉडल शुरू किया, हालाँकि इसमें विज्ञापन का तरीका थोड़ा अलग था। वर्ष 1995 में अमेरिका ऑनलाइन ने वेब क्रॉलर को अधिगृहीत कर लिया। वर्ष 1997 में 'एक्साइट' ने अमेरिका ऑनलाइन से इसे खरीद लिया, बाद में वर्ष 2001 में 'एक्साइट' दिवालिया हो गई और उसे इन्फोस्पेस ने अधिगृहीत कर लिया।

'लाइकॉस' सर्च की दुनिया में वर्ष 1994 में उतरा। माइकल मॉल्डिन द्वारा विकसित किया गया यह मॉडल विज्ञापन राजस्व पर संचालित होने वाला था। वर्ष 1999 तक यह सबसे ज्यादा आवृत्ति वाला साइट बन गया।

'लाइकॉस' सर्च की दुनिया में वर्ष 1994 में उतरा। माइकल मॉल्डिन द्वारा विकसित किया गया यह मॉडल विज्ञापन राजस्व पर संचालित होने वाला था। वर्ष 1999 तक यह सबसे ज्यादा आवृत्ति वाला साइट बन गया।

'90 के दशक के उत्तरार्द्ध में 'लाइकॉस' इंटरनेट ब्रांडों के अधिग्रहण में संलग्न रहा। इनमें वायर्ड डिजिटल भी शामिल था। वर्ष 1999 में यू.एस.ए. नेटवर्क्स और 'लाइकॉस' ने एक डील पर हस्ताक्षर किए, जिसके अनुसार यू.एस.ए. नेटवर्क्स का लगभग 20 अरब डॉलर में कंपनी का 61.5 प्रतिशत शेयर मिलने वाला था; लेकिन जटिल प्रक्रिया के चलते डील सफल नहीं रही। वर्ष 2000 के मध्य में 'टेरा नेटवर्क्स' ने 12.5 अरब डॉलर में 'लाइकॉस' को अधिगृहीत कर लिया। वर्ष 2001 के डॉटकॉम क्रैश के दौरान 'लाइकॉस' को बहुत मुश्किल दौर से गुजरना पड़ा और 'टेरा नेटवर्क्स' ने मात्र 9.54 करोड़ डॉलर में इसे डॉम कम्युनिकेशंस कॉर्प को बेच दिया।

इन्फोसिक सर्च के क्षेत्र में दूसरा बड़ा खिलाड़ी था, जो सन् 1994 में अस्तित्व में आया था। इसकी स्थापना स्टीव किरेच ने की थी। वर्ष 1995 में यह नेटस्केप के लिए डिफॉल्ट सर्च इंजन बन गया। वर्ष 1998 में डिजनी ने इसे अधिगृहीत कर लिया और इन्फोसिक ने 'एक्साइट' को खरीद लिया। अलगे ही वर्ष इन्फोसीक के एक इंजीनियर, जिसका नाम ली यान्होंग था, ने चीन में जाकर 'बायडू' नाम से एक सर्च इंजन तैयार किया।

इसी बीच वर्ष 1995 में डी.ई.सी. (डिजिटल इक्विपमेंट कॉरपोरेशन) के शोध वैज्ञानिकों के एक दल ने अल्टाविस्टा शुरू किया, जो एक वर्ष में ही याहू के लिए एक्सक्लूसिव सर्च रिजल्ट उपलब्ध कराने लगी। बाद में, वर्ष 1998 में डीईसी स्वयं कॉम्पैक द्वारा अधिगृहीत कर ली गई। इस अवधि के दौरान अल्टाविस्टा संभवत: सबसे उन्नत सर्च टूल रहा। वर्ष 2003 में ओवरच्योर ने मात्र 14 करोड़ डॉलर्स में अल्टाविस्टा को अधिगृहीत कर लिया। यह कीमत वर्ष 2000 में इसकी अनुमानित कीमत (लगभग 2.3 अरब डॉलर) की तुलना में कुछ भी नहीं थी। बाद में, उसी साल याहू ने ओवरच्योर को अधिगृहीत कर लिया और इस प्रकार अल्टाविस्टा का स्वामित्व भी उसके पास आ गया।

इंकटॉमी सर्च की दुनिया में देर से आनेवाली कंपनियों में से थी, जिसने वर्ष 1996 में अपनी उपस्थिति दर्ज कराई थी। एरिक ब्रीवर और पॉल गॉथिएर

द्वारा स्थापित इस कंपनी का नाम एक पौराणिक भारतीय मकड़े के नाम पर रखा गया था। इंकटॉमी महज एक सर्च इंजन नहीं था। सर्च सेवाएँ उपलब्ध कराने के साथ-साथ यह सॉफ्टवेयर एप्लीकेशन भी विकसित करना चाहता था। एक वर्ष की अवधि में ही इंकटॉमी ने सॉफ्टवेयर के क्षेत्र में माइक्रोसॉफ्ट जैसे दादा को अपनी ओर आकर्षित कर लिया। वर्ष 1998 में माइक्रोसॉफ्ट ने इंकटॉमी के सर्च इंजन का प्रयोग करना शुरू कर दिया। इसी साल याहू ने भी इंकटॉमी की सर्च इंजन टेक्नोलॉजी का प्रयोग करने का निर्णय लिया। जून 1998 में आई.पी.ओ. के समय के बाद मात्र पाँच महीने में ही इंकटॉमी का शेयर प्राइस 18 डॉलर से बढ़कर 130 डॉलर्स हो गया। वर्ष 1999 में अमेरिका ऑनलाइन ने भी अपने सर्च इंजन को चलाने के लिए इंकटॉमी का डाटाबेस इस्तेमाल करना शुरू कर दिया। एम.एस.एन. भी अब अल्टाविस्टा छोड़कर इंकटॉमी के साथ आ गया था, परंतु डॉटकॉम बुलबुला फटने के समय दूसरी समकालीन कंपनियों की तरह इंकटॉमी ने भी अपना प्रभाव खो दिया था। वर्ष 2003 में याहू ने इसे 23.5 करोड़ डॉलर्स में अधिगृहीत कर लिया। हालाँकि समझौते के मुताबिक, इंकटॉमी एम.एस.एन. सर्च, जो याहू का एक प्रतिद्वंद्वी था, को सर्च रिजल्ट उपलब्ध कराता रहा। इधर, गूगल यही सेवा याहू को उपलब्ध करा रहा था।

एरिक ब्रीवर और पॉल गॉथिएर द्वारा स्थापित इस कंपनी का नाम एक पौराणिक भारतीय मकड़े के नाम पर रखा गया था। इंकटॉमी महज एक सर्च इंजन नहीं था। सर्च सेवाएँ उपलब्ध कराने के साथ-साथ यह सॉफ्टवेयर एप्लीकेशन भी विकसित करना चाहता था।

वर्ष 1996 में 'आस्क जीव्स' अस्तित्व में आई और एक वर्ष बाद ही इसे सार्वजनिक कर दिया गया। यह उन कंपनियों में से थी, जिन्होंने 'एक्साइट' को अधिगृहीत किया था। हालाँकि अपने यूजर्स में इसका ब्रांड लॉयल्टी का स्तर काफी ऊँचा था, लेकिन अपने यूजर्स से किए गए वादे पर

यह खरी नहीं उतर सकी, जिसके चलते इसका राजस्व गंभीर रूप से प्रभावित हुआ। अंत में, कंपनी ने गूगल के साथ साझेदारी कर ली और गूगल ईको-सिस्टम्स का फायदा उठाते हुए 'आस्क जीव्स' ने पासा पलट दिया।

गूगल वर्ष 1998 में मैदान में उतरी। इसका पेजरैंक लिंक एनालिसिस एल्गोरिद्म काफी सफल रहा और पहले ही दिन से इसने सर्च के क्षेत्र में अपनी छाप छोड़नी शुरू कर दी। देखते-ही-देखते यह याहू, अमेरिका ऑनलाइन और नेटस्केप जैसी कंपनियों को सर्च रिजल्ट उपलब्ध करानेवाली एक पसंदीदा विकल्प बन गई।

एम.एस.एन. सर्च शुरू-शुरू में इंकटॉमी से सर्च रिजल्ट डिस्प्ले करती थी, लेकिन वर्ष 2004 में उसने अपना स्वयं का इन-बिल्ट सर्च रिजल्ट प्रयोग करना शुरू कर दिया। बाद में इसे 'बिंग' नाम दिया गया, जिसकी प्रतिद्वंद्विता गूगल सर्च के साथ रही।

वर्ष 1998 में माइक्रोसॉफ्ट ने एम.एस.एन. सर्च (जिसे बाद में 'विंडोज लाइव' नाम दिया गया) लॉन्च किया। अब तक माइक्रोसॉफ्ट अन्य क्षेत्रों में अपना ध्यान केंद्रित करके चल रही थी, क्योंकि कंज्यूमर सर्च के क्षेत्र में ज्यादा काम करने का उसका इरादा नहीं था। इसके अलावा, वह सर्च की बजाय इ-मेल को ग्राहक बनाने के जरिए के रूप में देख रही थी। एम.एस.एन. सर्च शुरू-शुरू में इंकटॉमी से सर्च रिजल्ट डिस्प्ले करती थी, लेकिन वर्ष 2004 में उसने अपना स्वयं का इन-बिल्ट सर्च रिजल्ट प्रयोग करना शुरू कर दिया। बाद में इसे 'बिंग' नाम दिया गया, जिसकी प्रतिद्वंद्विता गूगल सर्च के साथ रही।

पेड सर्च की बात करें तो ओवरच्योर को एक पायनियर (अग्रदूत) कहा जा सकता है। वर्ष 1998 में बिल ग्रॉस द्वारा शुरू की गई इस कंपनी ने कई बड़े-बड़े अधिग्रहण किए और यह अमेरिका ऑनलाइन तथा याहू जैसी बड़ी-बड़ी कंपनियों के साथ काम कर रही थी, परंतु गूगल से इसे बड़ा खतरा था। अमेरिका ऑनलाइन ने ओवरच्योर को गूगल के लिए छोड़ दिया तो

इसका पूरा-पूरा श्रेय पेज और ब्रिन को जाता है।

'90 के दशक में और 2000 के दशक की शुरुआत में सर्च के परिदृश्य पर कई सर्च इंजीनियर उभरे, जिनमें से कुछ का सर्च में अच्छा-खासा शेयर था। हालाँकि गूगल एक सर्च इंजन भर नहीं था। उसकी टेक्नोलॉजी उत्कृष्ट थी और अपने यहाँ उसने शीर्ष स्तर की प्रतिभाओं की नियुक्ति की थी।

प्रतिभा महत्त्वपूर्ण होती है

'जब आप कोई कंपनी शुरू करते हैं तो कंपनी से जुड़ने या काम करनेवाले पहले दस लोग ही यह तय करते हैं कि कंपनी कामयाब होगी या नहीं। ये दस लोग कंपनी की सफलता या असफलता के लिए 10-10 प्रतिशत की जिम्मेदारी रखते हैं। तो फिर क्यों न हम इन दस-के-दस लोगों के चुनाव में पूरी सावधानी बरतें और उत्कृष्ट, प्रथम श्रेणी की प्रतिभाओं का ही चयन करें? इनमें से अगर तीन लोग भी गड़बड़ हैं या बहुत अच्छे नहीं हैं तो कंपनी की सफलता या उत्कृष्टता 30 प्रतिशत तो प्रभावित ही होगी। कंपनी छोटी हो तो प्रतिभा अपेक्षाकृत ज्यादा महत्त्वपूर्ण हो जाती है।'

—स्टीव जॉब्स

गूगल ने अपने यहाँ बहुत उत्कृष्ट स्तर की प्रतिभाएँ नियुक्त की हैं। उसकी यही विशेषता उसे अपने प्रतिद्वंद्वियों से अलग करती है। शुरुआती दौर में भी कंपनी की यही कोशिश रही थी कि उसका एक-एक (मानव) संसाधन पूरी सावधानी से चुना जाए।

गूगल ने अपने यहाँ बहुत उत्कृष्ट स्तर की प्रतिभाएँ नियुक्त की हैं। उसकी यही विशेषता उसे अपने प्रतिद्वंद्वियों से अलग करती है। शुरुआती दौर में भी कंपनी की यही कोशिश रही थी कि उसका एक-एक (मानव) संसाधन पूरी सावधानी से चुना जाए।

दिलचस्प बात है कि गूगल के दोनों संस्थापक अपने यहाँ तकनीकी

योग्यता की पृष्ठभूमि रखनेवालों की ही नियुक्ति करते हैं। यानी, भले ही आप ह्वार्टन या हॉर्वर्ड से एम.बी.ए. करके क्यों न आए हों, लेकिन अगर आपके पास इंजीनियरिंग की डिग्री नहीं है तो गूगल की भरती प्रक्रिया पूरी करने में आपके लिए दिक्कत होगी। इसी तरह, भले ही आप बहुत अच्छे अर्थशास्त्री क्यों न हों, लेकिन गूगल के संस्थापकों को आप तभी प्रभावित कर पाएँगे, जब आप ट्रेक्नोलॉजी की पृष्ठभूमि से हों।

सच तो यह है कि ब्रिन और पेज ने गूगल के पहले सी.ई.ओ. एरिक शिमट की नियुक्ति भी बिजनेस में उनके अच्छे ट्रैक रिकॉर्ड के आधार पर नहीं, बल्कि उनकी शानदार इंजीनियरिंग पृष्ठभूमि के आधार पर की थी। (उल्लेखनीय है कि एरिक नॉवेल के पूर्व सी.ई.ओ. थे और सन माइक्रोसिस्टम्स तथा बेल लैब्स में भी काम कर चुके थे।) शिमट ने प्रिंसटन से इलेक्ट्रिकल इंजीनियरिंग में स्नातक की डिग्री प्राप्त की थी। उसके बाद उन्होंने बर्कले से कंप्यूटर साइंस में मास्टर्स डिग्री और पी-एच.डी. भी की थी। इसके अलावा, वह एक यूनिक्स के जादूगर थे, जिन्होंने जावा नामक सॉफ्टवेयर लैंग्वेज विकसित करने में मदद की थी। गूगल में उनकी नियुक्ति सुनिश्चित करने में इस भूमिका का भी योगदान रहा। इतना ही नहीं, गूगल की शुरुआती निवेशक फर्में (क्लीनर परकिंस और सिकोइया कैपिटल) भी चाहती थीं कि एरिक गूगल के बोर्ड में शामिल हों और कंपनी के युवा संस्थापकों को 'वयस्क सरपरस्ती' दें।

जोनाथन रोसेनबर्ग की नियुक्ति भी प्रबंधन और अर्थशास्त्र में उनकी डिग्रियों के लिए नहीं की गई थी। उन्होंने जो नाम कमाया था, वह एप्पल और एक्साइट में अपने काम के अनुभव से कमाया था।

जोनाथन रोसेनबर्ग की नियुक्ति भी प्रबंधन और अर्थशास्त्र में उनकी डिग्रियों के लिए नहीं की गई थी। उन्होंने जो नाम कमाया था, वह एप्पल और एक्साइट में अपने काम के अनुभव से कमाया था। वर्ष 2002 में गूगल में व्यापक प्रोडक्ट रेंज के प्रमुख की जिम्मेदारी सँभालने के बाद रोसेनबर्ग ने वर्ष 2011 में कंपनी छोड़ दी और 2014 में मोटरोला मोबिलिटी के सी.ओ.ओ. बन गए। वह लैरी पेज के सलाहकार भी रहे थे।

जब श्मिट शेरिल सैंडबर्ग की नियुक्ति करना चाहते थे, उस समय पेज और ब्रिन शुरू-शुरू में इस विचार के खिलाफ थे, क्योंकि शेरिल सैंडबर्ग इंजीनियर नहीं थीं। प्रतिभा और योग्यता की परख के मामले में गूगल की सक्रियता का यह एक अच्छा प्रमाण है कि सैंडबर्ग ने न केवल गूगल में शानदार काम किया, बल्कि बाद में फेसबुक को भी खूब राजस्व अर्जित करनेवाली मशीन बनाने में महत्त्वपूर्ण भूमिका निभाई। फेसबुक की ज्यादातर सफलता का श्रेय उन्हीं को जाता है।

मैरिसा मेयर गूगल की एक अन्य प्रतिभा थीं, जिन्होंने वर्ष 1999 में गूगल की बीसवीं (और पहली महिला) कर्मचारी के रूप में कंपनी ज्वॉइन की थी। वह जोनाथन रोसेनबर्ग की टीम का एक हिस्सा रही थीं। फॉर्चून की फोर्टी अंडर-फोर्टी लिस्ट में छठे नंबर पर और दुनिया की सोलहवीं सबसे शक्तिशाली महिला व्यवसायी के रूप में नामित मेयर ने गूगल को दुनिया का सबसे अच्छा सर्च इंजन बनाने में महत्त्वपूर्ण भूमिका निभाई। वर्ष 2012 में वह याहू की प्रेसीडेंट और सी.ई.ओ. बनीं।

प्रतिभा और योग्यता की परख की अपनी संस्कृति के बल पर ही पेज और उनकी टीम ने गूगलप्लेक्स में मेयर की तरह ही एक और जबरदस्त प्रतिभा को शामिल करने में सफलता प्राप्त की। वह प्रतिभा स्वयं सुंदर पिचाई थे। गूगल क्रोम प्रोजेक्ट की लॉञ्चिंग के समय पिचाई मेयर के अधीन काम कर रहे थे।

गूगल की रणनीति और कार्य-संस्कृति यही रही है कि अच्छे-से-अच्छे लोगों को बोर्ड में रखा जाए और फिर उन्हें अपनी रचनात्मकता व योग्यता को उपयोग में लाने की पूरी स्वतंत्रता दी जाए। तभी तो पिचाई और उनसे पहले के लोग वह सबकुछ कर सके, जिसकी उनसे अपेक्षा थी। गूगल के नए सी.ई.ओ. के रूप में पिचाई को भी यह कार्य-संस्कृति कायम रखनी होगी—अच्छे-से-अच्छे लोगों को कंपनी में नियुक्त करें और उन्हें ऐसा कार्य-परिवेश दें, जिसमें काम करते हुए वे अपनी प्रतिभा और रचनात्मकता का स्वतंत्रतापूर्वक उपयोग कर सकें तथा कंपनी को ऊँचाइयों पर ले जा सकें।

□

भाग–4

लोगों के नेतृत्वकर्ता

'अगर आपके कार्यों से दूसरों को ज्यादा सपने देखने, ज्यादा सीखने और ज्यादा कुछ बनने की प्रेरणा मिलती है तो आप एक नेतृत्वकर्ता हैं।'

—जॉन क्विंसी एडम्स

अच्छे लोग सफल हो सकते हैं

'अच्छे नेतृत्वकर्ता वे होते हैं, जो अपने कर्मचारियों का आत्म-सम्मान बढ़ाने के लिए अपनी सीमा से बाहर निकलकर काम करने को तैयार रहते हैं। अगर लोगों का अपने आप पर विश्वास है तो उनके लिए कोई भी काम असंभव नहीं है।'

—सैम वॉल्टन

वर्ष 2014 के उत्तरार्द्ध में जब सुंदर पिचाई को गूगल के प्रोडक्ट रेंज के प्रमुख की भूमिका दी गई थी, उसी समय यह बात साफ होने लगी थी कि पेज अपने अधीन व्यक्ति को अपनी जगह पर बैठाने के लिए रास्ता तैयार कर रहे हैं। इस पर प्रतिक्रिया देते हुए जाने-माने उद्यम पूँजीपति ओम मलिक ने ट्वीट किया था—'यह सबूत है कि अच्छे लोग सफल (या विजयी) होते हैं।'

पिछले दशक में पिचाई ने गूगल में जिस तरह से बढ़त दर्ज की, उसे किसी एक उद्यम या उद्यम के अंदर किसी एक व्यक्ति की जीत नहीं कहा जा सकता, क्योंकि वास्तविक अर्थों में यह उपयुक्त कार्य-संस्कृति और

कुशल नेतृत्व से युक्त एक ईको-सिस्टम (पारिस्थितिक तंत्र) की सफलता है। अगर यह कंपनी गूगल नहीं होती और 'स्मार्ट रचनात्मक प्रतिभाओं' की टीम का नेतृत्व करनेवाले पेज उसके सी.ई.ओ. नहीं होते तो पिचाई जैसे योग्य व्यक्ति को भी संभवत: इस तरह की सफलता नहीं मिल पाती।

पिचाई ने आज के समय की एक सबसे बड़ी कंपनी की पतवार सँभाली है और वह भी ऐसे समय पर, जब कंपनी के सामने कई तरह की चुनौतियाँ मौजूद हैं। एक औसत दर्जे की कंपनी अपने अस्तित्व को बनाए रखने के लिए संघर्ष करती है।

पिचाई ने आज के समय की एक सबसे बड़ी कंपनी की पतवार सँभाली है और वह भी ऐसे समय पर, जब कंपनी के सामने कई तरह की चुनौतियाँ मौजूद हैं। एक औसत दर्जे की कंपनी अपने अस्तित्व को बनाए रखने के लिए संघर्ष करती है। एक अच्छी कंपनी आगे बढ़ने के लिए संघर्षरत रहती है, लेकिन गूगल जैसी एक बड़ी कंपनी अपनी वृद्धि और विकास को बहुगणित करने के लिए संघर्षरत रहती है। यह अपने आप में कंपनी के लिए एक चुनौती है। इसके अलावा, कुछ अन्य बातें भी हैं, जिनकी ओर नए सी.ई.ओ. को ध्यान देने की जरूरत है। पिचाई ने गूगल का कार्यभार उस स्थिति में सँभाला है, जब कंपनी अपेक्षाकृत कमजोर पड़ गई है। अत: उनके सामने कई चुनौतियाँ हैं। कुछ चुनौतियाँ तो ऐसी हैं कि यदि उनसे तत्काल और सावधानीपूर्वक नहीं निपटा गया तो वे गूगल के अब तक के प्रभाव को निष्क्रिय कर सकती हैं।

गूगल के सामने किस तरह की चुनौतियाँ हैं और किस तरह के अवसर मौजूद हैं, उन सबका थोड़ा गहन अध्ययन करके हम यह जान सकेंगे कि आगे क्या कुछ होने वाला है या हो सकता है।

सोशल नेटवर्किंग सेवा को ठीक करें!

'कुशल नेता की परख उसकी उस योग्यता से होती है,

जिससे वह किसी समस्या के गंभीर रूप धारण करने से पहले ही उसकी पहचान कर लेता है।'

—अरनॉल्ड ग्लासगो

गूगल से अब अनपेक्षित की अपेक्षा की जाती रही है। वस्तुतः कंपनी ने एक बार नहीं, बल्कि कई बार ऐसा करके भी दिखाया है। बात चाहे निवेश बैंकरों पर निर्भर रहे बिना आई.पी.ओ. में उतरने के लिए शर्तों को तोड़ने की हो या फिर लिस्टिंग के समय शेयर होल्डरों को वॉरेन बफेट की तरह का पत्र लिखने की बात हो, हर मामले में गूगल ने सबको चौंकाया ही है। इसीलिए लोगों को आश्चर्य होता है कि आखिर गूगल के अनुभवी संस्थापक और योग्य कर्मचारी 'सोशल नेटवर्किंग' सेवा की मनहूसियत को क्यों नहीं दूर कर पा रहे हैं?

अभियांत्रिकी बनाम संलग्नता

शुरुआत कोई बहुत खराब नहीं रही थी। सोशल नेटवर्किंग के क्षेत्र पर दावा करनेवाली गूगल पहली कंपनी तो नहीं थी (क्योंकि इसका श्रेय मायस्पेस—को जाता है), लेकिन 'मायस्पेस' के लॉन्च होने के एक साल बाद वर्ष 2004 में 'ऑरकुट' के नाम से अपने स्वयं के प्लेटफॉर्म के साथ यह एकदम इस क्षेत्र में उतरी थी। संभव था, आनेवाले वर्षों में ऑरकुट ने 'मायस्पेस' को पीछे छोड़ दिया होता। गूगल की सोशल नेटवर्किंग साइट वैसे तो दुनिया के कई हिस्सों में लोकप्रिय थी, लेकिन सबसे ज्यादा लोकप्रियता इसे अमेरिका, भारत और

> **गूगल की सोशल नेटवर्किंग साइट वैसे तो दुनिया के कई हिस्सों में लोकप्रिय थी, लेकिन सबसे ज्यादा लोकप्रियता इसे अमेरिका, भारत और ब्राजील में मिली थी। परंतु अंततः मायस्पेस का पत्ता साफ करनेवाली गूगल नहीं, बल्कि शीर्ष पर आने वाली बच्चा वेबसाइट 'द फेसबुक डॉट कॉम' रही।**

ब्राजील में मिली थी। परंतु अंततः मायस्पेस का पत्ता साफ करनेवाली गूगल नहीं, बल्कि शीर्ष पर आने वाली बच्चा वेबसाइट 'द फेसबुक डॉट कॉम' रही।

फेसबुक के जवाब में गूगल ने वर्ष 2008 में 'गूगल फ्रेंड कनेक्ट' नाम से दूसरी साइट लॉञ्च की। ऑरकुट कई कारणों से असफल रहा, जिनमें एक प्रमुख कारण यह रहा कि इसे युवा सोशल प्लेटफॉर्म की बजाय एक उपयोगी इंजीनियरिंग प्रोडक्ट के रूप में तैयार किया गया था, जिससे यह यूजर्स को आकर्षित नहीं कर सका।

ऑरकुट के बाजार में छाने के एक महीने के अंदर ही लॉञ्च की गई यह वेबसाइट देखते-ही-देखते गूगल और मायस्पेस सहित दुनिया की अन्य साइटों से भी आगे निकल गई। वर्ष 2008 तक फेसबुक डॉट कॉम ('द फेसबुक डॉट कॉम' का नाम बदलकर 'फेसबुक डॉट कॉम' हो गया है) ने ऑरकुट और मायस्पेस को पीछे छोड़ दिया। बाद के वर्षों में कई अन्य सोशल नेटवर्किंग साइट्स और एक्सचेंज साइट्स बाजार में उतरीं, जिसमें ट्विटर, टंबलर, कोटा, डिग, रेडिट, फ्लिकर, पिंटरेस्ट और इंस्टाग्राम जैसी साइट्स काफी लोकप्रिय हैं।

फेसबुक के जवाब में गूगल ने वर्ष 2008 में 'गूगल फ्रेंड कनेक्ट' नाम से दूसरी साइट लॉञ्च की। ऑरकुट कई कारणों से असफल रहा, जिनमें एक प्रमुख कारण यह रहा कि इसे युवा सोशल प्लेटफॉर्म की बजाय एक उपयोगी इंजीनियरिंग प्रोडक्ट के रूप में तैयार किया गया था, जिससे यह यूजर्स को आकर्षित नहीं कर सका।

प्लेटफॉर्म अनेक, परंतु सफलता थोड़ी सी

शुरुआत में 'गूगल फ्रेंड कनेक्ट' ने अच्छी संभावनाएँ प्रदर्शित कीं। इसने फॉलोअर्स बनाने में ब्लॉगर्स की बहुत मदद की, जो संभवतः इसकी सबसे बड़ी खूबी थी, लेकिन लॉञ्च होने के चार साल बाद यानी वर्ष 2012

में इसे बंद कर दिया गया। इससे कई ब्लॉगर्स अपने फॉलोअर्स खो दिए और ब्लॉगिंग समुदाय में कंपनी की लोकप्रियता को बहुत ठेस पहुँची।

इस बीच गूगल ने सोशल नेटवर्किंग में अपना तीसरा प्लेटफॉर्म 'गूगल बज' लॉञ्च कर दिया था। ऐसे में, पर्यवेक्षक यह नहीं समझ पा रहे थे कि गूगल अपने सोशल नेटवर्किंग प्लेटफॉर्म इसलिए बंद करता जा रहा है कि उसका सोशल मीडिया कामयाब नहीं हो पाया है या फिर उसके द्वारा बार-बार अपनी साइटें बंद किए जाने के कारण यूजर्स उसे लेकर गलत धारणा बना बैठे हैं। इसका एक कारण यह भी हो सकता है कि कंपनी पूरे मनोयोग से ऐसा कोई जोरदार सोशल नेटवर्किंग टूल नहीं बना पा रही थी, जो बाजार में जमे बैठे फेसबुक जैसे खिलाड़ियों से टक्कर ले पाता। खैर, कारण जो भी रहा हो, गूगल बज एक साल से थोड़ा ज्यादा समय तक ही चल पाया। वर्ष 2010 में लॉञ्च की गई इस साइट की अवधि गूगल द्वारा वर्ष 2011 के अंत तक की घोषित की गई थी। गूगल बज संभवत: फेसबुक और ट्विटर से टक्कर लेने के लिए तैयार किया गया था; लेकिन अब इसका कोई मतलब नहीं रह गया था, क्योंकि गूगल ने इसकी ओर से अपना ध्यान हटा लिया था।

वर्ष 2010 में लॉञ्च की गई इस साइट की अवधि गूगल द्वारा वर्ष 2011 के अंत तक की घोषित की गई थी। गूगल बज संभवत: फेसबुक और ट्विटर से टक्कर लेने के लिए तैयार किया गया था; लेकिन अब इसका कोई मतलब नहीं रह गया था, क्योंकि गूगल ने इसकी ओर से अपना ध्यान हटा लिया था।

अंतत: वर्ष 2011 में गूगल ने अपना चौथा वर्जन निकाला, जिसे 'गूगल प्लस' नाम दिया गया था। इसे अभिरुचि आधारित सोशल नेटवर्किंग प्लेटफॉर्म के रूप में तैयार किया गया था। गूगल प्लस का यूजर्स बेस बहुत तेजी से ऊपर चढ़ा, लेकिन यह उन यूजर्स को प्लेटफॉर्म पर सक्रिय बनाने में सफल नहीं रहा। इसका कारण यह था कि जिन लोगों ने गूगल की किसी अन्य सेवा

के लिए साइन-अप किया था, वे डिफॉल्ट से गूगल प्लस के ग्राहक बन गए। लेकिन यह जरूरी नहीं था कि वे इस सेवा के सक्रिय उपयोगकर्ता (यूजर) भी हों। ये यूजर्स इस साइट पर जितना समय देते थे, वह अन्य सोशल नेटवर्किंग साइट्स की तुलना में कुछ भी नहीं था। इस प्रकार, वर्ष 2013 तक गूगल प्लस के ग्राहकों की संख्या कहने के लिए तो 54 करोड़ के करीब पहुँच गई थी, लेकिन एक ग्राहक औसतन तीन मिनट का समय ही साइट पर दे रहा था। दूसरी ओर, फेसबुक के यूजर्स औसतन साढ़े सात घंटे का समय साइट पर लगा रहे थे।

गूगल जैसी कंपनी, जो दुनिया में उपलब्ध सब तरह की सूचनाएँ जुटाकर अपने यूजर्स तक पहुँचाने को अपना उद्देश्य मानता है, के लिए चुनौती और भी बढ़ जाती है, जब फेसबुक जैसा प्लेटफॉर्म उसके रडार से बाहर हो।

इस पूरी कहानी का सार यह है कि वर्ष 2015 के मध्य तक गूगल ने 'गूगल प्लस' को बंद करने और उसे दो अलग-अलग हिस्सों—फोटोज और स्ट्रीम्स में बाँटने का निर्णय ले लिया। अब तक की स्थिति को देखते हुए यह अनुमान लगाना मुश्किल काम है कि कंपनी के मुख्यालय से आनेवाले इन निर्णयों से क्या कुछ होने वाला है? इसके अलावा, एक और बात यह है कि फेसबुक जैसे प्लेटफॉर्म गूगल के सर्च इंजन के लिए प्रायः बंद हैं। इससे ढेर सारी सूचनाएँ गूगल नहीं प्राप्त कर पाता। जैसे-जैसे फेसबुक का विस्तार व विकास होगा, वैसे-वैसे गूगल तक न पहुँच पानेवाली सूचनाएँ भी बढ़ती जाएँगी। गूगल जैसी कंपनी, जो दुनिया में उपलब्ध सब तरह की सूचनाएँ जुटाकर अपने यूजर्स तक पहुँचाने को अपना उद्द्देश्य मानता है, के लिए चुनौती और भी बढ़ जाती है, जब फेसबुक जैसा प्लेटफॉर्म उसके रडार से बाहर हो।

फिलहाल की बात करें तो सोशल नेटवर्किंग की दौड़ में न होना गूगल के लिए एक मामूली समस्या हो सकती है, लेकिन जल्दी ही यह समस्या

कंपनी के लिए गंभीर हो सकती है। आनेवाले महीनों में पिचाई को इस ओर ध्यान देना ही होगा। कंपनी, जो सर्च को लेकर लोगों के सत्रह साल पहले के तरीकों को बदलने का माद्दा रखती थी, उसे अगर इस गंभीर स्थिति से बाहर निकलना है तो वही माद्दा एक बार फिर से दिखाने की जरूरत है।

विज्ञापन में गूगल का वर्चस्व खतरे में?

'जब पैसा पाना बहुत आसान होता है, तब वास्तविक नव-प्रवर्तन और उद्यमिता में बहुत सा शोर मिला होता है। मुश्किल स्थितियाँ सिलिकॉन वैली की अच्छाइयों को निखारने का काम करती हैं।'

—सर्गेई ब्रिन

वर्ष 2014 में गूगल को विज्ञापन से मिलनेवाला राजस्व 59.06 मिलियन डॉलर्स था, जो उस वर्ष के कंपनी के कुल राजस्व का 90 प्रतिशत था। इससे यह अंदाजा आसानी से लगाया जा सकता है कि गूगल के कुल नकदी प्रवाह में विज्ञापन से होनेवाले राजस्व की अच्छी-खासी भूमिका है।

वर्ष 2014 में गूगल को विज्ञापन से मिलनेवाला राजस्व 59.06 मिलियन डॉलर्स था, जो उस वर्ष के कंपनी के कुल राजस्व का 90 प्रतिशत था। इससे यह अंदाजा आसानी से लगाया जा सकता है कि गूगल के कुल नकदी प्रवाह में विज्ञापन से होनेवाले राजस्व की अच्छी-खासी भूमिका है।

ऐसे में, स्पष्ट हो जाता है कि अगर कंपनी का विज्ञापन राजस्व कम हो जाता है तो इससे कंपनी पर कितना बुरा प्रभाव पड़ेगा? इससे भी बुरी स्थिति तब होगी, जब इस बदले परिवेश में गूगल अपना स्थान किसी अन्य को दे दे, जिसकी तकनीकी अंतर्दृष्टि उससे बेहतर और व्यापक हो।

एरिक श्मिट और जोनाथन रोसेनबर्ग (दोनों गूगल के उच्च पदाधिकारी)

को जबरदस्त व्यावसायिक विचार विकसित करने के लिए तकनीकी अंतर्दृष्टि के महत्त्व के बारे में चर्चा के लिए जाना जाता है। तो यह तकनीकी अंतर्दृष्टि क्या है ? यह वह नींव है, जिस पर नए प्रोडक्ट या नए प्लेटफॉर्म की आधारशिला रखी जाती है। यह किसी पुरानी समस्या को हल करने के लिए नई तकनीक या प्रौद्योगिकी के अनुप्रयोग या कोई बहुत ही जबरदस्त विचार विकसित करने का आधार है (जैसा कि मोबाइल एडवरटाइजिंग में इनमोबी कर रहा है)। इतने वर्षों में एडवरटाइजिंग के तौर-तरीके बहुत बदल गए हैं। ऐसे में, गूगल को कई मोर्चों पर चुनौतियों का सामना करना पड़ सकता है।

सोशल मीडिया कंपनियों से प्रतिस्पर्धा

एक ओर (फेसबुक और ट्विटर जैसी) सोशल मीडिया कंपनियाँ विज्ञापन के क्षेत्र में गूगल के लिए प्रतिद्वंद्वी बनकर उभरी हैं। फेसबुक के पास लगभग 1 अरब यूजर्स हैं और उसके पास अपने प्लेटफॉर्म पर मौजूद व्यापक कस्टमर डाटा का विश्लेषण करने के लिए आवश्यक टूल्स भी हैं। ऐसे में, यह अंदाजा आसानी से लगाया जा सकता है कि गूगल का कितना विज्ञापन राजस्व उसके पास से निकलकर सोशल मीडिया की ओर जा रहा है। इसके अलावा, एक सच्चाई यह भी है कि ज्यादातर डाटा ऐसे हैं, जहाँ तक गूगल की पहुँच नहीं है। इससे समस्या और भी बढ़ जाती है। तो बात यह है कि गूगल सोशल नेटवर्किंग इंडस्ट्री से जितना विज्ञापन राजस्व अर्जित कर सकता है, उतना नहीं कर पा रहा है।

दूसरा खतरा जो गूगल के सामने है, वह वीडियोज के क्षेत्र से है—यह भी फेसबुक की ओर से ही है। सोशल नेटवर्किंग साइट पर देखे जानेवाले वीडियोज की संख्या बहुत तेजी से बढ़ी है। इस क्षेत्र में स्पोटिफी और पैंडोरा जैसे अन्य खिलाड़ियों की ओर से भी खतरा है। इस क्षेत्र में यू-ट्यूब का वर्चस्व अब भी बना हुआ है। ऐसे में, अगर गूगल कुछ नया करने के लिए तैयार नहीं है तो आनेवाले दिनों में यह उसके लिए चिंता का एक और कारण बन सकता है।

पी.पी.सी.—वास्तविक मुद्दा या अंतहीन समस्या ?

अगली चुनौती, जिसका गूगल को सामना करना पड़ सकता है, वह पे-पर-क्लिक (पी.पी.सी.) से जुड़ी है, जिसमें यह स्वयं मार्केट लीडर है। यूजर्स द्वारा किसी लिंक पर क्लिक करने पर कंपनी एडवरटाइजर (विज्ञापनदाता) से शुल्क वसूल कर सकती है, उसकी दर कम होती जा रही है। इसका एक कारण यह हो सकता है कि सी.पी.सी. (कॉस्ट पर क्लिक) कमोबेश पी.सी. और मोबाइल क्लिक के औसत के बराबर है। चूँकि मोबाइल क्लिक (डेस्कटॉप क्लिक की अपेक्षा) कम खर्चीला होता है और मोबाइल सर्च के बढ़ते चलन के कारण डेस्कटॉप क्लिक का महत्त्व घट रहा है, इसलिए औसत सी.पी.सी. में और भी कमी आ सकती है।

यूजर्स द्वारा किसी लिंक पर क्लिक करने पर कंपनी एडवरटाइजर (विज्ञापनदाता) से शुल्क वसूल कर सकती है, उसकी दर कम होती जा रही है। इसका एक कारण यह हो सकता है कि सी.पी.सी. (कॉस्ट पर क्लिक) कमोबेश पी.सी. और मोबाइल क्लिक के औसत के बराबर है।

इसके अलावा, स्मार्टफोन की बिक्री में काफी वृद्धि हुई है और अधिक-से-अधिक संख्या में लोग हर तरह के सर्च के लिए अपने फोन का प्रयोग कर रहे हैं। यह पूरी स्थिति आग में घी का काम करने वाली है, लेकिन इसे समझना बहुत जरूरी है। बहुत से लोग (जिनमें विश्लेषक भी शामिल हैं) यह अटकलबाजी कर रहे हैं कि सी.पी.सी. में कमी गूगल के लिए दुर्भाग्यसूचक है। हालाँकि ऐसा जरूरी नहीं है।

एक बात तो यह है कि मोबाइल क्लिक सस्ता होने के कारण सी.पी.सी. औसत घटता जा रहा है। सी.पी.सी. के औसत में आई गिरावट को मोबाइल क्लिक में हो रही वृद्धि को ध्यान में रखकर देखा जाना चाहिए।

दूसरी बात, ऐसा नहीं लगता कि अपेक्षाकृत अधिक परिपक्व बाजारों (खासकर यू.एस.) में सी.पी.सी. की दर में कमी आई है। (हालाँकि पूरे

विश्वास के साथ ऐसा नहीं कहा जा सकता, क्योंकि गूगल इस बात की विस्तृत जानकारी साझा नहीं करता कि अलग-अलग श्रेणियों में किस प्रकार सी.पी.सी. में कमी आ रही है।) अत: पूरी संभावना है कि (भारत सहित) विभिन्न उभरते बाजारों में गूगल के वॉल्यूम में वृद्धि सी.पी.सी. औसत में और कमी का कारण बन सकती है, क्योंकि ये बाजार अपेक्षाकृत ज्यादा मूल्य-संवेदी हैं। इस प्रकार, परिपक्व बाजारों में सी.पी.सी. जब तक स्थिर स्थिति में है और उभरते बाजारों से होनेवाले राजस्व में वृद्धि हो रही है, तब तक इन क्षेत्रों में निम्न सी.पी.सी. दर चिंता का विषय नहीं होना चाहिए।

विभिन्न उभरते बाजारों में गूगल के वॉल्यूम में वृद्धि सी.पी.सी. औसत में और कमी का कारण बन सकती है, क्योंकि ये बाजार अपेक्षाकृत ज्यादा मूल्य-संवेदी हैं।

इस पूरी कहानी को मीडिया में और फिर स्टॉक मार्केट में किस प्रकार रखा जाता है, इसे लेकर गूगल को सावधान होने की जरूरत है। बाजार में अत्यधिक आपूर्ति या अत्यधिक माँग के चलते स्टॉक मूल्यों में तेजी या गिरावट के पर्याप्त उदाहरण मिलते हैं। माइक्रोसॉफ्ट पहले ऐसी स्थिति से गुजर चुका है, जब बॉल्मर के सी.ई.ओ. रहते राजस्व तो काफी बढ़ा था, लेकिन कंपनी की तरफ से मजबूत उत्पादों के अभाव के चलते स्टॉक मूल्य स्थिर ही रहा था। कुछ हद तक इसका एक कारण माइक्रोसॉफ्ट पर दी गई मीडिया रिपोर्टों पर निवेशकों का तरीका भी रहा था। इसके अलावा, गूगल को निकट भविष्य में एक काम और करना होगा, उसे माइक्रोसॉफ्ट के अतीत के अनुभवों, जो बहुत सुखद नहीं रहे हैं, को प्रतिबिंबित करना होगा।

क्या इनमोबी नया गूगल है?

सोलह वर्ष पूर्व गूगल ने सर्च रिजल्ट उपलब्ध कराने के एक नए व धमाकेदार तरीके के साथ सर्च की दुनिया में तहलका मचा दिया था। बाद में उसने विज्ञापन को प्रासंगिक या उपयोगी बनाने की दिशा में भी काम किया;

क्योंकि वह विज्ञापन से ज्यादा राजस्व अर्जित करने की बजाय यूजर्स की रुचि को ध्यान में रखकर चल रहा था।

अब, वर्षों बाद एक अन्य कंपनी इनमोबी (InMobi) ने भी कुछ ऐसा ही काम किया है। ऑनलाइन विज्ञापन में प्रौद्योगिकी का इस्तेमाल करके उसने दुनिया का सबसे बड़ा मोबाइल एडवरटाइजिंग नेटवर्क तैयार कर लिया है। दिलचस्प बात यह है कि इस बार इनमोबी के अखाड़े में उतरने से जिस कंपनी को सबसे ज्यादा नुकसान होने वाला है, वह कोई और नहीं, बल्कि गूगल ही है।

ऑनलाइन विज्ञापन में प्रौद्योगिकी का इस्तेमाल करके उसने दुनिया का सबसे बड़ा मोबाइल एडवरटाइजिंग नेटवर्क तैयार कर लिया है। दिलचस्प बात यह है कि इस बार इनमोबी के अखाड़े में उतरने से जिस कंपनी को सबसे ज्यादा नुकसान होने वाला है, वह कोई और नहीं, बल्कि गूगल ही है।

इनमोबी की शुरुआत एमखोज नाम से एक भारतीय एस.एम.एस. आधारित सर्च प्लेटफॉर्म के रूप में की गई थी, जिसे बाद में एक एस.एम.एस. एडवरटाइजिंग नेटवर्क बनाने का इरादा था। परंतु वर्ष 2007 में इसकी री-ब्रांडिंग करके एक नया नाम दे दिया गया—'इनमोबी'। कंपनी ने अपना बिजनेस मॉडल भी बदल दिया। शुरू में एस.एम.एस. आधारित सर्च मॉडल के लिए मुंबई एंजेल्स से फंडिंग (वित्त पोषण) लेने की योजना थी, लेकिन बाद में टीम को लगा कि भारत का सांस्कृतिक अंतर इस योजना से मेल नहीं खा रहा है। एक ऐसे देश में, जहाँ जानकारी के लिए हर दूसरे व्यक्ति पर भरोसा किया जा सकता है, एमखोज को शुरुआती दिनों में कोई आकर्षण नहीं दिखाई दिया। अंततः कंपनी के संस्थापकों ने बिजनेस मॉडल को बदलने का निर्णय लिया। एमखोज अब तेजी से विकसित होता मोबाइल वेब ईको-सिस्टम बन गया और इनमोबी के रूप में इसकी री-ब्रांडिंग हो गई। इस दौरान आरंभिक निवेशकों की ओर से पूरा सहयोग मिला और बाद

में क्लीनर पर्किंस कॉफील्ड एंड बायर्स तथा शेरपालो वेंचर्स जैसे बड़े निवेशक क्रमश: 71 लाख और 80 लाख डॉलर्स की 'ए' और 'बी' सीरीज की फंडिंग के साथ आगे आए। उसके बाद सॉफ्ट बैंक ने इनमोबी में 20 करोड़ डॉलर्स से भी ज्यादा का निवेश किया और इस प्रकार सबकुछ बहुत उत्साहवर्धक हो गया।

वर्ष 2014 के अंत तक इनमोबी मोबाइल एडवरटाइजिंग में दुनिया का सबसे सशक्त प्लेटफॉर्म बन गया। दुनिया के 200 देशों में इसकी पहुँच हो गई और इसके नेटवर्क पर अब तक 1 अरब से भी ज्यादा यूजर्स हो गए थे। जुलाई 2015 में इनमोबी ने एडवरटाइजिंग की दुनिया में बड़ा बदलाव लाने के रास्ते पर शुरुआती कदम बढ़ा दिए। इस प्रक्रिया में उसने एक 'डिस्कवरी प्लेटफॉर्म' लॉन्च करने की घोषणा कर दी, जिसे 'मीप' नाम दिया गया था। यह दुनिया भर के अन्य मोबाइल और वेब एडवरटाइजिंग प्लेटफार्मों को मिलाने का काम कर रहा था। इनमोबी की गिनती वैसे इस क्षेत्र के बड़े खिलाड़ियों में नहीं की जा रही थी, लेकिन 'मीप' ने सबकुछ बदलकर रख दिया। फेसबुक और गूगल अब बैठकर देख रहे थे। उस समय बाजार में अफवाह थी कि गूगल 1 अरब डॉलर्स में इनमोबी को खरीदने वाला है। हालाँकि इसमें कितनी सच्चाई थी, इसके बारे में कुछ स्पष्ट नहीं कहा जा सकता था, लेकिन इससे एक बात तो सामने आ ही गई कि मीप के लॉन्च के माध्यम से इनमोबी ने मोबाइल एडवरटाइजिंग में तहलका मचाने के अपने इरादे की घोषणा में कोई खास चतुराई नहीं दिखाई थी। एक बात, जो स्मार्टफोन यूजर्स (उपयोगकर्ताओं) को सचमुच परेशान करने वाली है, वह है—विज्ञापनों की बढ़ती संख्या, जो

वर्ष 2014 के अंत तक इनमोबी मोबाइल एडवरटाइजिंग में दुनिया का सबसे सशक्त प्लेटफॉर्म बन गया। दुनिया के 200 देशों में इसकी पहुँच हो गई और इसके नेटवर्क पर अब तक 1 अरब से भी ज्यादा यूजर्स हो गए थे।

मोबाइल की बड़ी स्क्रीन के साथ-साथ छोटी स्क्रीन पर भी पहुँचकर खलल डालने का काम करते हैं। उनमें से ज्यादातर विज्ञापन ऐसे होते हैं, जो यूजर्स के उपयोग के ही नहीं होते। यहीं से मीप का काम शुरू हो जाता है। इनमोबी मोबाइल यूजर्स की रुचि और उपयोग के अनुसार उत्पाद और पाठ्य सामग्री मोबाइल ऐप पर उपलब्ध कराता है—और वह भी उपयुक्त समय पर तथा यूजर्स के काम में खलल डाले बिना। इनमोबी की यह विशेषता उसे और भी दिलचस्प बना देती है।

एक बात, जो स्मार्टफोन यूजर्स (उपयोगकर्ताओं) को सचमुच परेशान करने वाली है, वह है—विज्ञापनों की बढ़ती संख्या, जो मोबाइल की बड़ी स्क्रीन के साथ-साथ छोटी स्क्रीन पर भी पहुँचकर खलल डालने का काम करते हैं।

दूसरी ओर, इससे विज्ञापनदाताओं को भी संभावित दर्शक या ऑडियंस मिल जाते हैं। इससे सफलता की संभावना बहुत हद तक बढ़ जाती है। यूजर्स को यह फायदा होता है कि उसे अनावश्यक या अनुपयोगी विज्ञापनों में अपना समय गँवाए बिना अपनी जरूरत का विज्ञापन देखने-पढ़ने को मिल जाता है।

इस प्रकार, इनमोबी (जिसके पास 1 अरब से भी ज्यादा यूजर्स हैं) के कारण गूगल को विज्ञापन से होनेवाले राजस्व में काफी नुकसान हो रहा है। इसमें अगर फेसबुक (1 अरब से अधिक यूजर्स) के कारण होनेवाली विज्ञापन राजस्व की हानि को भी मिला दिया जाए तो यह गूगल के लिए चिंता का एक बड़ा कारण हो सकता है।

ऐसे में, गूगल को एक ओर फेसबुक, माइक्रोसॉफ्ट, याहू, ट्विटर और मिलेनियल मीडिया जैसे खिलाड़ियों का सामना करना है और दूसरी ओर, बेसिक वैश्विक विज्ञापन बाजार में इनमोबी के बढ़ते प्रभावों से भी स्वयं को बचाना है।

गोलिएथ बनाम गोलिएथ

'मैं शेरों की उस फौज से नहीं डरता, जिसका नेतृत्व भेड़ के हाथ में हो; मुझे डर लगता है भेड़ों की उस फौज से, जिसका नेतृत्व शेर के हाथ में हो।'

—सिकंदर महान्

बीते कुछ वर्षों में आई.टी. सम्मेलनों और चर्चाओं में दो बातें सबसे ज्यादा उठाई जाती रहीं। उनमें से एक बात क्लाउड सेवाओं से जुड़ी है, जबकि दूसरी मोबाइल से। एक साल पहले ही तो सत्या नडेला ने उल्लेख किया था कि किस प्रकार माइक्रोसॉफ्ट 'मोबाइल फर्स्ट' और 'क्लाउड फर्स्ट' की रणनीति के लिए तैयार हो रहा है।

मोबाइल की कहानी

मोबाइल उपकरणों की बढ़ती माँग के चलते माइक्रोसॉफ्ट विंडोज के एक फंक्शन के रूप में पर्सनल कंप्यूटिंग को लेकर माइक्रोसॉफ्ट की ताकत कमजोर पड़ गई है।

मोबाइल उपकरणों की बढ़ती माँग के चलते माइक्रोसॉफ्ट विंडोज के एक फंक्शन के रूप में पर्सनल कंप्यूटिंग को लेकर माइक्रोसॉफ्ट की ताकत कमजोर पड़ गई है। हालाँकि विंडोज फोन 8.1 में कुछ नई उपयोगी सेवाएँ शुरू किए जाने से आईफोन और एंड्रॉइड फोन की कुछ खूबियाँ महत्त्वपूर्ण हो जाती हैं। एंड्रॉइड का बाजार में अग्रणी स्थान है (स्मार्टफोन में यह सबसे ज्यादा प्रयोग किया जाने वाला ओ.एस. है), तो आई ओ.एस. (एप्पल) और पूरी तरह से बदल चुकी माइक्रोसॉफ्ट (नडेला के नेतृत्व में) ऐसी प्रतिस्पर्धा प्रस्तुत करती जिसमें गूगल तथा उसके अप्रत्याशित रूप से लोकप्रिय एंड्रॉइड के लिए रास्ता कठिन बनाने की क्षमता है. ऐसे में, विंडोज फोन के कुछ फायदों की ओर ध्यान देना गूगल के लिए अच्छा होगा।

गूगल ने मोटरोला को तो लिनोवो के हाथों बेच दिया, लेकिन माइक्रोसॉफ्ट द्वारा नोकिया के अधिग्रहण से एक फायदा हुआ। इसे विंडोज फोन की क्वालिटी और डिजाइन से जोड़कर देखा जा सकता है। इस फोन की अलग-अलग वैरायटी बाजार में उपलब्ध है, जिसमें कम बजटवाले वर्जन से लेकर नोकिया लूमिया 1020 जैसे स्लीक वर्जन आते हैं। इस प्रकार, ये विंडोज फोन उपभोक्ता को कीमत के मुताबिक उपयोगिता देनेवाले हैं। एप्प की बात करें तो एंड्रॉइड संभवतः अपने यूजर्स को माइक्रोसॉफ्ट की अपेक्षा ज्यादा एप्प दे रहा है, क्योंकि विंडोज फोन एंड्रॉइड की तरह ओपन सोर्स प्लेटफॉर्म नहीं है। अतः विंडोज अपने ग्राहकों को जो एप्प दे रहा है, उसकी गुणवत्ता अपेक्षाकृत काफी अच्छी है। एंड्रॉइड के सामान्य एप्प भी विंडोज फोन पर अधिक सुसंगत और साफ दिखाई देते हैं।

यूजर्स को जब किसी फंक्शन के लिए या अपडेट देखने के लिए एक एप्प से दूसरे एप्प पर जाना पड़ता है तो यह उसके लिए अच्छा अनुभव नहीं होता है। इस मामले में विंडोज फोन बेहतर एंड-टू-एंड यूजर एक्सपीरिएंस (अनुभव) दे रहा है।

यूजर्स को जब किसी फंक्शन के लिए या अपडेट देखने के लिए एक एप्प से दूसरे एप्प पर जाना पड़ता है तो यह उसके लिए अच्छा अनुभव नहीं होता है। इस मामले में विंडोज फोन बेहतर एंड-टू-एंड यूजर एक्सपीरिएंस (अनुभव) दे रहा है। पीपुल हब (People Hub) में आप सारे नोटिफिकेशंस (अधिसूचनाएँ) देख सकते हैं। (टेक्स्ट में) पिक्चर जोड़ने की बात हो तो यूटिलिटी में यह एंड्रॉइड की अपेक्षा अधिक आसान हो जाता है। कुल मिलाकर विंडोज फोन को लेकर यूजर्स (उपयोगकर्ताओं) का अनुभव ज्यादा अच्छा रहा है, जिसे आज के लोग सबसे ज्यादा महत्त्वपूर्ण मानते हैं। माइक्रोसॉफ्ट सॉफ्टवेयर के वफादार ग्राहक विंडोज फोन पर आउटलुक, स्काइप और वनड्राइव जैसे उत्पादों का इस्तेमाल करने में बहुत सरलता महसूस करते हैं।

इसके अलावा, इसमें एंड्रॉइड की तरह ऐसा नहीं होता है कि यूजर्स

अगर विंडोज फोन यूज कर रहा है तो उसे ऑफिस का शुल्क देना पड़े। एंड्रॉइड के मुकाबले विंडोज फोन का एक सबसे बड़ा फायदा यह है कि यह विभिन्न डिवाइसेस (उपकरणों) में समान रूप से काम करता है। दूसरी ओर, एंड्रॉइड चूँकि अलग-अलग मैन्युफेक्चरर्स से आनेवाले और विभिन्न आकार-प्रकार के फोनों पर ऑफर किया जाता है, इसलिए कई बार इसकी गुणवत्ता पर प्रश्न-चिह्न लग जाता है।

एंड्रॉइड जहाँ अपने ग्राहकों को अपेक्षाकृत ज्यादा गेम्स दे रहा है, वहीं विंडोज अपने ग्राहकों को एक्सबॉक्स (Xbox) के साथ अस्फालट 8, ज्वॉयराइड और अन्य कई तरह के लोकप्रिय गेम मुफ्त दे रहा है।

इतना ही नहीं, एंड्रॉइड जहाँ अपने ग्राहकों को अपेक्षाकृत ज्यादा गेम्स दे रहा है, वहीं विंडोज अपने ग्राहकों को एक्सबॉक्स (Xbox) के साथ अस्फालट 8, ज्वॉयराइड और अन्य कई तरह के लोकप्रिय गेम मुफ्त दे रहा है। इसके अलावा, एक और बात, जो यूजर्स के लिए फायदे की है—खासकर उभरते बाजारों में जहाँ कनेक्टिविटी अपेक्षाकृत कम है—वह यह है कि विंडोज फोन ऑफलाइन मोड में भी फुल नेविगेशन की सुविधा दे रहा है; जबकि एंड्रॉइड फोन यूजर्स को ऑफलाइन मैप के चुने हुए डाउनलोड की सुविधा ही उपलब्ध करा पा रहा है। और भी विंडोज फोन में मुफ्त क्लाउड स्टोरेज (ज्यादातर मामलों में 7 जीबी तक) और ज्यादा इंटरनल स्टोरेज की सुविधा मिलने से यूजर्स को ऑनलाइन स्टोरेज की किसी अन्य सेवा पर निर्भर रहने की जरूरत नहीं होती। इससे एकरूपता बनी रहती है।

संक्षेप में कहा जाए तो एंड्रॉइड फोन जहाँ ग्राहकों को ज्यादा एप्प का फायदा दे रहे हैं, वहीं विंडोज फोन अपेक्षाकृत उच्च स्तरीय इंटेग्रेशन और कई अन्य सुविधाओं का फायदा दे रहे हैं।

स्मार्टफोन का बाजार जिस तरह से विकसित हो रहा है, उसे देखते हुए कहा जा सकता है कि आनेवाले दिनों में यूजर्स एक ऐसे प्लेटफॉर्म की तलाश

में होंगे, जो डेस्कटॉप, मोबाइल और क्लाउड—सबके लिए एक साथ काम कर सके। नडेला के नेतृत्व में माइक्रोसॉफ्ट इस प्रकार की समन्वित सेवा उपलब्ध करानेवाला टिकट हो सकता है; और अगर एंड्रॉइड इस दिशा में कुछ प्रभावी कदम नहीं उठाता तो स्मार्टफोन ओ.एस. बाजार में जो उसकी एकाधिकार जैसी स्थिति है, वह खतरे में पड़ सकती है।

खतरा सिर्फ माइक्रोसॉफ्ट विंडोज फोन तक ही सीमित नहीं है। ज्यादा बड़ा खतरा एप्पल के आईफोन से है, जिसकी लहर यूजर्स के एक बड़े वर्ग में अब भी बनी हुई है—लोग आईफोन के नए वर्जन के लॉन्च वाले दिन लाइनों में खड़े होकर इंतजार करते दिखाई देते हैं। स्मार्टफोन के समकालीन यूजर्स ऐसे डिवाइस के पीछे भागते हैं, जो इस्तेमाल करने में सरल हो और जिस पर जरूरत के अनुसार अलग-अलग एप्प चलाने की स्वतंत्रता हो। आईफोन से उनकी इस प्रकार की सारी जरूरतें पूरी हो जाती हैं।

स्मार्टफोन के समकालीन यूजर्स ऐसे डिवाइस के पीछे भागते हैं, जो इस्तेमाल करने में सरल हो और जिस पर जरूरत के अनुसार अलग-अलग एप्प चलाने की स्वतंत्रता हो। आईफोन से उनकी इस प्रकार की सारी जरूरतें पूरी हो जाती हैं।

फिलहाल की बात करें तो पिचाई और गूगल को चाहिए कि वे इस क्षेत्र में अपनी मौजूदा प्रतिभा को न छोड़ें। उदाहरण के लिए, अमित सिंहल—जिन्हें वर्ष 2001 में गूगल सर्च के कोड को एक नया रूप देने का श्रेय जाता है—का नाम 'फॉर्च्यून' द्वारा वर्ष 2011 में प्रौद्योगिकी के सबसे स्मार्ट व्यक्ति के रूप में दर्ज किया गया था। अभी हाल में सिंहल—जो गूगल में सर्च के प्रमुख हैं—ने 'नाउ ऑन टैप' (Now on Tap) लॉन्च किया है। एंड्रॉइड फोन पर उपलब्ध इस यूटिलिटी (सुविधा) से यूजर्स अपने मोबाइल फोन पर ज्यादा आसानी से सर्च कर सकेंगे। डेस्कटॉप और वेबसाइट की अपेक्षा फोन और एप्प में ज्यादा अनुकूल बैठनेवाले इस परिदृश्य के साथ सिंहल और

उनकी टीम मिलकर जो कुछ कर रहे हैं, वह मोबाइल के क्षेत्र में वर्चस्व की दौड़ को लेकर बहुत महत्त्वपूर्ण साबित हो सकता है।

क्लाउड सेवाओं की लड़ाई

क्लाउड सेवाओं की बात करें तो लड़ाई थोड़ी जटिल है। अलग-अलग बाजार-खंडों, जैसे—इयास (IaaS), पास (PaaS) और सास (SaaS) को देखा जाए तो चीजें और भी जटिल हो जाती हैं। सास—यानी 'सॉफ्टवेयर ऐज ए सर्विस' इंटरनेट की मदद से थर्ड पार्टी एप्प्स डिलिवर करता है, जिनका इंटरफेस क्लाइंट द्वारा एक्सेज किया जाता है। यह सॉफ्टवेयर को होस्ट करता है, जिसे यूजर्स द्वारा कनेक्ट करके प्रयोग किया जा सकता है। इसमें एक फायदा यह है कि ज्यादातर सास एप्लीकेशंस ब्राउजर से चलाए जा सकते हैं, जिससे डाउनलोड और इंस्टॉलेशन की जरूरत नहीं रह जाती। चूँकि डिलीवरी मॉडल वेब आधारित है, इसलिए यूजर्स के डेस्कटॉप पर एप्लीकेशंस को इंस्टॉल करने या चलाने की जरूरत नहीं होती। इसके अलावा, यह उन एंटरप्राइजेज के लिए सुविधाजनक होता है, जो अपने मेंटेनेंस और सपोर्ट फंक्शन को सरल बनाना चाहते हैं, क्योंकि यह वेंडर (विक्रेता) द्वारा व्यवस्थित किया जाता है।

उपभोक्ताओं में सास ज्यादा लोकप्रिय है, इसलिए इसका सबसे ज्यादा उपयोग इ-मेल और सोशल नेटवर्किंग साइट्स के लिए किया जाता है। 'सास' पर काम करनेवाली प्रमुख कंपनियाँ हैं—अमेजन, गूगल, एप्पल, ड्रॉपबॉक्स और माइक्रोसॉफ्ट।

उपभोक्ताओं में सास ज्यादा लोकप्रिय है, इसलिए इसका सबसे ज्यादा उपयोग इ-मेल और सोशल नेटवर्किंग साइट्स के लिए किया जाता है। 'सास' पर काम करनेवाली प्रमुख कंपनियाँ हैं—अमेजन, गूगल, एप्पल, ड्रॉपबॉक्स और माइक्रोसॉफ्ट। इनमें अमेजन शीर्ष स्तर पर है, जबकि गूगल और माइक्रोसॉफ्ट धीरे-धीरे आगे बढ़ रही हैं।

पास—यानी 'प्लेटफॉर्म एज ए सर्विस' में ऐसे टूल्स आते हैं, जो अलग तरह की सेवाएँ तैयार कर सकते हैं। इसका स्तर 'इयास' के ऊपर का होता है। यह डेवलपर्स को कंप्यूटिंग इन्फ्रास्ट्रक्चर के शीर्ष पर एप्लीकेशंस तैयार करने में मदद करता है। डेवलपर समुदाय के लिए यह ऐसा फ्रेमवर्क प्रदान करता है, जिस पर वे एप्लीकेशंस तैयार कर सकते हैं या उन्हें कस्टमाइज कर सकते हैं। डेवलपर समुदाय में 'पास' बहुत लोकप्रिय है, क्योंकि इसमें उन्हें व्यवस्थापन और क्रियान्वयन का काम नहीं करना पड़ता है। यह जिम्मेदारी सर्विस प्रोवाइडर (सेवा-प्रदाता) की होती है। इस प्रकार, डेवलपर एप्प डेवलपमेंट पर अपना ध्यान केंद्रित कर सकता है।

दूसरी ओर, इयास—यानी 'इंफ्रास्ट्रक्चर ऐज ए सर्विस' हाई कंप्यूटिंग और रिसर्च के क्षेत्रों से जुड़े यूजर्स में ज्यादा लोकप्रिय है। क्लाउड सेवाओं में यह आधारभूत स्तर पर स्थित है और इसके अंतर्गत वर्चुअल मशींस (वी.सी.), स्टोरेज (हार्ड डिस्क), सर्वर, नेटवर्क तथा अन्य सेवाएँ आती हैं। इयास द्वारा उपलब्ध कराए जानेवाले कंप्यूटिंग संसाधन और स्टोरेज कंपनियों तथा डेवेलपरों को बिजनेस सॉल्यूशन तैयार करने में मदद करते हैं।

क्लाउड सेवाओं की इस लड़ाई में अब तक मूल्य की महत्त्वपूर्ण भूमिका रही है; लेकिन अब ऐसा लगने लगा है कि निकट भविष्य में मूल्य एकमात्र महत्त्वपूर्ण कारक नहीं होगा। अब इस खेल में इंटीग्रेशन और एडवांस्ड फीचर्स ज्यादा महत्त्वपूर्ण भूमिका निभाएँगे।

क्लाउड सेवाओं की इस लड़ाई में अब तक मूल्य की महत्त्वपूर्ण भूमिका रही है; लेकिन अब ऐसा लगने लगा है कि निकट भविष्य में मूल्य एकमात्र महत्त्वपूर्ण कारक नहीं होगा। अब इस खेल में इंटीग्रेशन और एडवांस्ड फीचर्स ज्यादा महत्त्वपूर्ण भूमिका निभाएँगे। वर्तमान में 16 अरब डॉलर के क्लाउड बाजार में अमेजन सबसे अग्रणी है, जबकि माइक्रोसॉफ्ट दूसरे स्थान पर और आई.बी.एम. तथा गूगल क्रमशः तीसरे और चौथे नंबर पर हैं।

ड्रॉपबॉक्स को क्लाउड सेवा के क्षेत्र में अग्रणी माना जाता है, जबकि बड़ी कंपनियों की बात करें तो अमेजन को इयास के क्षेत्र में थॉट लीडर (यानी चिंतन नेतृत्वकर्ता) के नाम से जाना जाता है। अमेजन वेब सर्विसेज (.ए.डब्ल्यू.एस.) की कंप्यूटिंग क्षमता इस क्षेत्र की 14 अन्य कंपनियों की तुलना में पाँच गुना ज्यादा है। साथ ही, नई-नई सेवाएँ और मॉनीटरिंग टूल्स उपलब्ध कराने की इसकी सक्षमता भी ज्यादा है। कीमतों की बात करें तो अमेजन (और गूगल भी) लगातार सबसे ज्यादा प्रतिस्पर्धात्मक दरों पर सेवाएँ उपलब्ध कराने के लिए तत्पर रहा है।

माइक्रोसॉफ्ट के एंटरप्राइज ग्राहकों के लिए एक फायदे की बात यह भी है कि माइक्रोसॉफ्ट उन्हें डिस्काउंटेड रेट पर अज्योर क्लाउड कंप्यूटिंग सेवाएँ ऑफर कर रहा है। नडेला को अज्योर के सरपरस्त के रूप में देखा जा रहा है।

दूसरी ओर, माइक्रोसॉफ्ट का अज्योर (Azure) इयास के क्षेत्र में सबसे ज्यादा वार्षिक वृद्धि दर दर्शाता है। साथ ही, इसके एडमिनिस्ट्रेटिव टूल्स प्रयोग करने में बहुत सरल हैं (खासकर विंडोज एडमिनिस्ट्रेटर्स के लिए), जिससे इसकी लोकप्रियता और बढ़ जाती है। इसके अलावा, यह अमेजन वेब सर्विसेस के समरूप है, क्योंकि इसको 'इयास' को 'पास' के रूप में प्रयोग किया जा सकता है। कीमतों की बात करें तो माइक्रोसॉफ्ट की ओर से नडेला ने मूल्य कटौती को अमेजन वेब सर्विसेस और गूगल जैसे प्रतिद्वंद्वियों के बराबर रखने की प्रतिबद्धता प्रकट की है। माइक्रोसॉफ्ट के एंटरप्राइज ग्राहकों के लिए एक फायदे की बात यह भी है कि माइक्रोसॉफ्ट उन्हें डिस्काउंटेड रेट पर अज्योर क्लाउड कंप्यूटिंग सेवाएँ ऑफर कर रहा है। नडेला को अज्योर के सरपरस्त के रूप में देखा जा रहा है। ऐसे में, अगर वह क्लाउड सेवाओं को कुछ खास बनाने में सक्षम हो पाते हैं तो इससे बाजार में उसकी उपस्थिति और अधिक बढ़ जाएगी। एंटरप्राइज बिजनेस हमेशा से ही माइक्रोसॉफ्ट की खूबी रहा है। गूगल जैसे प्रतिद्वंद्वियों को अगर अपनी

हिस्सेदारी बढ़ानी है, तो उन्हें इसी क्षेत्र में सेंध लगाने की जरूरत है।

हाइब्रिड और प्राइवेट क्लाउड मार्केट में क्लाउड कंप्यूटिंग से जुड़े आई.बी.एम. के ऑफर एक महत्त्वपूर्ण कारक रहे हैं। इयास के मार्केट शेयर में इसकी तीसरे नंबर की हिस्सेदारी है, लेकिन अगर वार्षिक वृद्धि की बात करें तो इसका माइक्रोसॉफ्ट के बाद दूसरा स्थान है। सॉफ्टवेयर में निवेश से बाजार में इसकी वृद्धि को और बल मिला है। आई.बी.एम. के लिए संभवत: सबसे अनुकूल बात यह है कि इसके 50 प्रतिशत स्ट्रेटेजिक आउटसोर्सिंग कस्टमर्स इसके क्लाउड कंप्यूटिंग सॉल्यूशंस को उपयोग में ला रहे हैं।

इधर, गूगल क्लाउड कंप्यूटिंग में अच्छा-खासा समय देता रहा है। इसके सर्विस ऑफर भी बहुत तेजी से बढ़ रहे हैं। साथ ही, मूल्य कटौती के मामले में भी यह अमेजन के साथ-साथ चलता रहा है। गूगल मिनट के हिसाब से शुल्क वसूल करता है (जिसमें न्यूनतम समय सीमा 10 मिनट रखी गई है), जो छोटे बिजनेस के लिए फायदे की बात है। दूसरी ओर, अमेजन वेब सर्विसेस घंटे के हिसाब से शुल्क वसूल करता है। वैसे तो गूगल क्लाउड प्लेटफॉर्म का डाउनटाइम अज्योर (माइक्रोसॉफ्ट) की अपेक्षा कहीं ज्यादा अच्छा है, लेकिन यह अमेजन जितना विश्वसनीय नहीं है। निस्संदेह 'सास' के क्षेत्र में गूगल बहुत अच्छा चल रहा है और एंटरप्राइज में भी इसने काफी काम किया है, लेकिन इसकी सेवाएँ कॉरपोरेट-केंद्रित होने की बजाय उपभोक्ता-केंद्रित रही हैं। इससे गूगल क्लाउड प्लेटफॉर्म यूज करनेवाले डाटा सेंटर मैनेजरों को दिक्कत हो रही है। इसलिए गूगल को इस दिशा में कुछ करने की जरूरत है।

अब गूगल को ऐसा करना चाहिए (बल्कि संभवत: कुछ हद तक कर भी रहा है) कि वह क्रोम ओ.एस. और एंड्रॉइड के माध्यम से डेस्कटॉप और मोबाइल पर विंडोज का कोई जोरदार विकल्प लाए।

अब गूगल को ऐसा करना चाहिए (बल्कि संभवत: कुछ हद तक कर भी रहा है) कि वह क्रोम ओ.एस. और एंड्रॉइड के माध्यम से डेस्कटॉप और

मोबाइल पर विंडोज का कोई जोरदार विकल्प लाए। इससे ऐप के क्षेत्र में उसे अपना नियंत्रण कायम करने और सॉफ्टवेयर से राजस्व प्राप्त करने में बहुत मदद मिलेगी। एक ओर अमेजन 'सास' में अपनी बढ़त कायम रखेगा और दूसरी ओर 'सास' में गूगल का दबदबा बना रहेगा। इसके अलावा, गूगल के पास एक विकल्प यह भी है कि वह आई.बी.एम. की राह पर चलते हुए अच्छे कंप्यूटिंग प्लेटफॉर्म विकसित करके बाजार के बड़े तबके की ओर अपना ध्यान केंद्रित करे। अन्य क्लाउड सेवाएँ ज्यादा मूल्य-संवेदी होंगी, लेकिन वैल्यू चेन की ऊपर की कड़ी मूल्यों को लेकर थोड़ी ज्यादा संवेदनशील हो सकती है।

गूगल के लिए त्रिमुखी तरीका अपनाकर चलना अच्छा रहेगा—उपभोक्ता-केंद्रित क्लाउड सेवाओं में अपनी स्थिति मजबूत करे, प्लेटफॉर्म सर्विस फीचर्स के माध्यम से मूल्य कटौती को संतुलन में रखे और वैल्यू चेन की ऊपर की कड़ी के लिए कंप्यूटिंग प्लेटफॉर्म विकसित करने पर जोर दे।

संक्षेप में कहें तो गूगल के लिए त्रिमुखी तरीका अपनाकर चलना अच्छा रहेगा—उपभोक्ता-केंद्रित क्लाउड सेवाओं में अपनी स्थिति मजबूत करे, प्लेटफॉर्म सर्विस फीचर्स के माध्यम से मूल्य कटौती को संतुलन में रखे और वैल्यू चेन की ऊपर की कड़ी के लिए कंप्यूटिंग प्लेटफॉर्म विकसित करने पर जोर दे।

पदवी के बिना नेतृत्व करना

'महान् नेता वे होते हैं, जो तर्क-वितर्क, वाद-विवाद और संदेह में ज्यादा न उलझते हुए समस्याओं के हल को बहुत सरल तरीके से प्रस्तुत करने में कुशल होते हैं, जिसे हर कोई आसानी से समझ सकता है।'

—जनरल कॉलिन पॉवेल

कुछ लोग ऐसे होते हैं, जिन्हें नेतृत्व करने के लिए चुना जाता है, जबकि कुछ दूसरे लोग होते हैं, जिन्हें नेतृत्वकर्ता की भूमिका प्राप्त करने के लिए बहुत कोशिश करनी पड़ती है। इसके अलावा, कुछेक लोग ऐसे होते हैं, जो औपचारिक रूप से नेतृत्वकर्ता की पदवी प्राप्त करने से पहले ही नेतृत्वकर्ता बन जाते हैं। सुंदर पिचाई ऐसे ही लोगों में से रहे हैं।

जिन-जिन लोगों को सुंदर पिचाई के साथ काम करने का मौका मिला है, वे सब उन्हें एक ऐसे व्यक्ति के रूप में देखते हैं, जो अत्यंत विवेकशील होने के साथ-साथ सबके साथ सहयोग करनेवाले और सबके दुःख-सुख को समझनेवाले भी हैं। यह स्वयं में नेतृत्व का एक उदात्त गुण है। जब वह गूगल के सी.ई.ओ. नहीं थे, उस समय भी उनकी समझ इतनी अच्छी थी कि लैरी पेज (तत्कालीन सी.ई.ओ.) संगठन में दूसरे लोगों को क्या बताना चाहते हैं, इसे वह तुरंत समझ जाते थे। स्वयं पेज भी कहते रहे हैं कि पिचाई उनके विचारों को उनसे भी ज्यादा अच्छे ढंग से समझ और समझा लेते हैं।

इस संदर्भ में, गूगल में पिचाई के सहकर्मी एक कहानी बताते हैं। एक बैठक चल रही थी, जिसे वाइस प्रेसीडेंट और सभी प्रोडक्ट कैटेगरी के डायरेक्टरों के साथ-साथ पेज ने भी संबोधित किया। इसमें उन्होंने विभिन्न अवधारणाओं के बारे में बताते हुए कई नई बातों से भी सबको अवगत कराने की कोशिश की। उनके इस भाषण में बहुत सारी ऐसी बातें थीं, जो उन क्षेत्रों या विषयों से जुड़ी नहीं थीं, जिनकी अपेक्षा वहाँ उपस्थित कार्यकर्ताओं की टीम कर रही थी। अतः अपना भाषण समाप्त करके जब वह कक्ष से बाहर निकलने लगे तो सब मौन थे। तभी पिचाई अंदर आए और उन्होंने सबको स्पष्ट करके बताया कि पेज वास्तव में

ऐसे और भी कई मौके आए, जब पेज को लगा कि पिचाई में न केवल उनकी बातों को सरल ढंग से लोगों तक पहुँचाने की काबिलीयत है, बल्कि बड़े महत्त्वपूर्ण प्रोजेक्ट का नेतृत्व सँभालने में भी वह सक्षम हैं। पिचाई आज गूगल के सी.ई.ओ. हैं।

क्या कहना चाहते थे। उन्होंने टीमों के साथ अलग-अलग बैठकें भी कीं और यह समझने में उनकी मदद की कि किस प्रकार विभिन्न प्रोजेक्ट पर एक साथ मिलकर काम करते हुए उन्हें आगे बढ़ना है। उस दिन पिचाई ने जो कुछ किया, वह एक मैनेजर की चिंतन-प्रक्रिया की सीमा से बहुत हटकर था। उन्होंने एक नेतृत्वकर्ता की तरह काम करते हुए यह सुनिश्चित करने की जिम्मेदारी अपने ऊपर ले ली कि हर कोई अच्छी तरह से समझ सके कि उसे क्या करना है। इसके लिए उन्होंने यह इंतजार नहीं किया कि पेज पहले उन्हें नेता की पदवी दें, उसके बाद वह नेता की तरह काम करें। इसके अलावा, ऐसे और भी कई मौके आए, जब पेज को लगा कि पिचाई में न केवल उनकी बातों को सरल ढंग से लोगों तक पहुँचाने की काबिलीयत है, बल्कि बड़े महत्त्वपूर्ण प्रोजेक्ट का नेतृत्व सँभालने में भी वह सक्षम हैं।

पिचाई आज गूगल के सी.ई.ओ. हैं। गूगल में ऐसे कई लोग हैं, जो कभी पिचाई के सीनियर रह चुके हैं। उन सबको पीछे छोड़कर पिचाई को इस शीर्ष पद पर बैठाया गया है। ऐसे में कई लोग ऐसे भी होंगे, जिन्हें उस गूगल में काम करना अच्छा नहीं लगेगा, जिसके सी.ई.ओ. पिचाई हैं। हालाँकि यह पुराने कार्यकर्ताओं के लिए कंपनी छोड़कर जाने का पर्याप्त कारण नहीं है, लेकिन यह बात सच है कि संगठन के कई पुराने कार्यकर्ता हाल के वर्षों में कंपनी छोड़कर जा चुके हैं। उदाहरण-स्वरूप एंडी रुबिन (एंड्रॉइड के सह-संस्थापक) ने मार्च 2013 में उस समय एंड्रॉइड के प्रमुख का पद छोड़ दिया,

उस समय पेज ने कहा था कि रुबिन गूगल में रोबोटिक्स डिवीजन का प्रबंधन देखेंगे। परंतु अक्तूबर 2014 में रुबिन ने गूगल से इस्तीफा दे दिया। उनका इस्तीफा लगभग उसी समय आया था, जब पिचाई को गूगल के प्रोडक्ट्स हेड के रूप में नामित किया जा रहा था; जबकि रुबिन जिस डिवीजन में थे, उससे पिचाई का कोई सरोकार नहीं था।

जब पेज ने सी.ई.ओ. का कार्यभार पिचाई को सौंपा था। उस समय पेज ने कहा था कि रुबिन गूगल में रोबोटिक्स डिवीजन का प्रबंधन देखेंगे। परंतु अक्तूबर 2014 में रुबिन ने गूगल से इस्तीफा दे दिया। उनका इस्तीफा लगभग उसी समय आया था, जब पिचाई को गूगल के प्रोडक्ट्स हेड के रूप में नामित किया जा रहा था; जबकि रुबिन जिस डिवीजन में थे, उससे पिचाई का कोई सरोकार नहीं था। इसके कुछ ही महीने बाद (मार्च 2015 में) गूगल के एक अन्य पुराने कार्यकर्ता, एलन यूस्टेस ने कंपनी छोड़ दी। यूस्टेस पहले इंजीनियरिंग डिवीजन के सीनियर वाइस प्रेसीडेंट थे और बाद में नॉलेज डिवीजन के वाइस प्रेसीडेंट बना दिए गए थे। कंपनी छोड़ने के बाद रुबिन ने कोई दूसरी कंपनी ज्वॉइन नहीं की और न ही अपना स्वयं का कोई उद्यम शुरू किया। विवेक गुंदोत्रा, जो गूगल में सोशल डिवीजन के सीनियर वाइस प्रेसीडेंट थे, ने भी अप्रैल 2014 में कंपनी से इस्तीफा दे दिया। हालाँकि उनके इस्तीफे का पिचाई की पदोन्नति से दूर-दूर तक कोई संबंध नहीं था। इसी तरह सितंबर 2014 में सेबैस्टियन थ्रून, जिनकी गूगल एक्स प्रोजेक्ट में महत्त्वपूर्ण भूमिका रही थी, ने भी कंपनी छोड़ दी। हालाँकि उन्होंने संभवत: शिक्षा से जुड़ी अपनी नई कंपनी यूडासिटी (Udacity) के लिए यह कदम उठाया था। सच यही है कि हाल के वर्षों में गूगल ने अपनी अच्छी-खासी प्रतिभा को खोया है। इनमें से कुछ प्रतिभाएँ फेसबुक में गईं, जबकि कुछ आकर्षक बिजनेस मॉडल और अन्य लाभ ऑफर करनेवाली नई कंपनियों के साथ चली गईं। कुछ ने प्रबंधन में फेर-बदल के चलते तो कुछ अन्य ने अपने निजी कारणों से कंपनी छोड़ी। सबसे ज्यादा प्रतिभा का पलायन शीर्ष स्तर पर हुआ, जहाँ उसकी सबसे ज्यादा जरूरत थी।

ऐसी स्थिति में, लोगों और उनकी अपेक्षाओं को सँभालने की पिचाई की योग्यता काम आ सकती है। एक ओर, उभरती हुई प्रतिभाओं को अपने यहाँ बनाए रखने के लिए उन्हें नए-नए अवसर उपलब्ध कराने की जरूरत है और दूसरी ओर, गूगल के पुराने कार्यकर्ताओं के मन से असंतोष की

भावना को दूर करने के लिए काम करना है। पिचाई ने उच्च स्तरीय ई.क्यू. (इमोशनल क्वोसेंट) वाली प्रतिभाओं की तलाश करके उन्हें उपयुक्त भूमिका में लगाना शुरू कर दिया है। एंड्रॉइड के प्रमुख के रूप में हिरोशी लॉकहीमर की नियुक्ति इसका एक उदाहरण है। पिचाई की तरह ही लॉकहीमर का इंजीनियरिंग कौशल भी जन-केंद्रित है। एंड्रॉइड के प्रबंधन का उनका तरीका रुबिन और उनके सहयोगियों (ह्यूगो बारा और स्टीव होरोविट्ज) से अलग है। और वास्तव में कंपनी को ऐसी ही प्रबंधन शैली की जरूरत भी है। फिलिप शिंडलर को सेल्स एंड ऑपरेशंस डिवीजन के सीनियर वाइस प्रेसीडेंट के रूप में नियुक्त किया गया है। सेल्स में शिंडलर की कार्यशैली उनके पूर्व बॉस निकेश अरोड़ा से प्रेरित रही है, जबकि संबंध प्रबंधन कौशल (रिलेशनशिप मैनेजमेंट स्किल्स) के मामले में वह पिचाई की तर्ज पर चलते दिखाई देते हैं। इन दोनों नियुक्तियों को देखते हुए गूगल को लेकर पिचाई का इरादा साफ हो जाता है कि वह कंपनी में कार्य एवं कार्यकर्ताओं के बीच एक मौलिक सामंजस्य व संतुलन बैठाते हुए कंपनी को जन-केंद्रित बनाना चाहते हैं।

एंड्रॉइड के प्रमुख के रूप में हिरोशी लॉकहीमर की नियुक्ति इसका एक उदाहरण है। पिचाई की तरह ही लॉकहीमर का इंजीनियरिंग कौशल भी जन-केंद्रित है। एंड्रॉइड के प्रबंधन का उनका तरीका रुबिन और उनके सहयोगियों (ह्यूगो बारा और स्टीव होरोविट्ज) से अलग है।

अगर पिचाई मूल संसाधन के रूप में अपने यहाँ मौजूद प्रतिभाओं को अपने साथ बनाए रख पाते हैं तो गूगल न केवल सुरक्षित रहेगा, बल्कि प्रौद्योगिकी के बदलते परिदृश्य के अनुरूप प्रतिस्पर्धा का सामना करने में भी सक्षम होगा।

बुरे मत बनो

'हमें बल का प्रयोग हमेशा अच्छाई या अच्छे काम के लिए करना चाहिए। हमेशा अच्छा नीति-संगत काम ही करें। संक्षेप में कहा जाए तो बुरे न बनें।'

—सर्गेई ब्रिन

स्टैसी सुलिवान ने वर्ष 2000 में मानव संसाधन के प्रमुख के रूप में गूगल ज्वॉइन किया। एक वर्ष बाद उन्होंने उन कॉरपोरेट मूल्यों को सूचीबद्ध करने का काम शुरू कर दिया, जिन्हें अपनाकर चलना गूगल के कार्यकर्ताओं के लिए जरूरी था। इस काम में गूगल के कुछ अन्य कार्यकर्ता उनके सहयोगी थे। गूगल अपनी प्रतिबद्धताओं का सम्मान करेगा, इस तरह की बातें उस समय एकदम थम-सी गईं, जब कक्ष में मौजूद एक व्यक्ति पॉल बुछीट गूगल के सांस्कृतिक मूल्यों को परिभाषित करते हुए एकदम बोल उठा, 'बुरे मत बनो।' किसी चुटकुले की तरह ये शब्द कक्ष में गूँज उठे। लोगों को पहले तो सचमुच यह मजाक या चुटकुले जैसा ही लगा था। वहाँ उपस्थित लोगों में सिर्फ दो लोग ऐसे थे, जो इसे मजाक नहीं मान रहे थे—एक तो स्वयं पॉल (जिन्होंने यह टिप्पणी की थी) और दूसरी स्टैसी सुलिवान, जो गूगलर्स के लिए कॉरपोरेट मूल्यों का एक सेट तैयार करने की कोशिश में थीं। पॉल बुछीट पहले इंटेल में काम कर चुके थे। उन्हें लग रहा था कि उनका सुझाव गूगल जैसी कंपनी के लिए सांस्कृतिक मूल्यों को प्रतिबिंबित करने वाला है। दूसरी ओर, स्टैसी सुलिवान पहले इसे उस अर्थ में नहीं देख रही थीं और उन्हें लग रहा था कि 'बुरे मत बनो' स्लोगन गूगल

स्टैसी सुलिवान ने वर्ष 2000 में मानव संसाधन के प्रमुख के रूप में गूगल ज्वॉइन किया। एक वर्ष बाद उन्होंने उन कॉरपोरेट मूल्यों को सूचीबद्ध करने का काम शुरू कर दिया, जिन्हें अपनाकर चलना गूगल के कार्यकर्ताओं के लिए जरूरी था।

की संस्कृति का हिस्सा नहीं हो सकता। सुलिवान को मैरिसा मेयर और सलार कामंगर जैसी कार्यकर्ताओं का समर्थन प्राप्त था, लेकिन बुछीट अपनी बात पर अड़े थे। उनके मन में कहीं-न-कहीं यह बात थी कि गूगल को माइक्रोसॉफ्ट जैसा नहीं बनना चाहिए, जो उन दिनों कठोर व एकाधिकारी बनने की राह पर था और कई ओर से बुराई व चुनौतियों से घिरा हुआ था।

जो बात शुरू-शुरू में सबको मजाक जैसी लगी थी, उसे सुलिवान और अन्य लोगों द्वारा तब स्वीकार कर लिया गया, जब उन्हें लगा कि बुछीट पीछे हटने वाले नहीं हैं। तब से यह गूगल की कार्य-संस्कृति की परिभाषा का एक हिस्सा बन गया है। हालाँकि कुछ लोग इसकी आलोचना भी कर रहे हैं, क्योंकि उन्हें लग रहा है कि गूगल अपने उस यथार्थ आदर्श से भटक गया है, जो उसने अपने लिए तय किया था।

आलोचना का एक बिंदु निजता के मामले से जुड़ा था। जैसा पुस्तक में पहले उल्लेख किया जा चुका है, इसकी शुरुआत जी-मेल से हुई थी, जब लोगों को ऐसा लगने लगा था कि इ-मेल सामग्री के अनुरूप विज्ञापनों को यूजर्स तक पहुँचाने के चक्कर में गूगल लोगों की निजता में दखल दे रहा है। हालाँकि बाद में गूगल ने इसमें कुछ सुधार किया था, लेकिन उस समय पहली बार उसकी छवि एक नई मासूम कंपनी से बदलकर थोड़ी डरानेवाली कंपनी के रूप में हो गई थी।

आलोचना का एक बिंदु निजता के मामले से जुड़ा था। जैसा पुस्तक में पहले उल्लेख किया जा चुका है, इसकी शुरुआत जी-मेल से हुई थी, जब लोगों को ऐसा लगने लगा था कि इ-मेल सामग्री के अनुरूप विज्ञापनों को यूजर्स तक पहुँचाने के चक्कर में गूगल लोगों की निजता में दखल दे रहा है।

उसके बाद आलोचना के लिए 'गूगल बज' की बारी थी और इस बार भी वही विश्वास का मामला। इससे फेडरल ट्रेड कमीशन खिलाफ हो गया। दुनिया की सभी पुस्तकों को डिजिटलाइज करने की बात पर लेखकों और

प्रकाशकों की ओर से कड़ी असहमति व्यक्त की गई। हालाँकि इसमें एक फायदा भी था—दुनिया की सारी पुस्तकें हरेक की पहुँच में आ सकती थीं। परंतु सबको लगा कि इससे गूगल के पास पुस्तकों का एकाधिकार आ जाएगा। उधर, 'गूगल स्ट्रीट व्यू' फीचर पर भी लोग विरोध जता रहे थे, क्योंकि उन्हें लग रहा था कि इसके माध्यम से गूगल विभिन्न आधारों पर निजता का उल्लंघन कर रहा है। इस पर गूगल ने इमेज को हलका करने या उनका रूप बदलने के लिए दूसरे तरीके अपनाए; लेकिन इससे तैयार होनेवाली इमेज उतनी अच्छी गुणवत्ता की नहीं थी और निजता की बात को लेकर गूगल की छवि और भी बिगड़ गई। इसके अलावा, गूगल का चेहरा पहचानने से जुड़ा एप्प 'गोगल्स' भी इसी तरह कमजोर पड़ गया।

'गूगल स्ट्रीट व्यू' फीचर पर भी लोग विरोध जता रहे थे, क्योंकि उन्हें लग रहा था कि इसके माध्यम से गूगल विभिन्न आधारों पर निजता का उल्लंघन कर रहा है।

इतना ही नहीं, अभी कुछ समय पहले ही यूरोपियन कमीशन द्वारा गूगल पर अपने सर्च रिजल्ट्स की तरफदारी करने का आरोप भी लगाया गया। ऐसा बताया गया कि गूगल अपनी कॉम्परीजन शॉपिंग सर्विस के लिए ऐसा कर रहा है। यह भी कहा गया कि कंपनी एंड्रॉइड मोबाइल ओ. एस. पर गूगल मैप्स और गूगल सर्च जैसी प्रोपराइटरी सेवाओं को बढ़ावा दे रही है। अगस्त 2015 में और कंपिटीशन कमीशन ऑफ इंडिया (सी.सी.आई.) ने गूगल पर आरोप लगाया कि सर्च रिजल्ट्स में तोड़-मरोड़ करने के लिए वह अपनी स्थिति का दुरुपयोग कर रहा है। इसमें सर्च रिजल्ट के साथ-साथ स्पॉन्सर्ड लिंक, जो सर्च रिजल्ट पेज के दाहिनी ओर प्रदर्शित होता है, की भी बात की गई थी। सी.सी.आई. द्वारा गूगल पर इस तरह औपचारिक रूप से आरोप लगाया जाना अपनी तरह का पहला मामला था। यह आरोप तीस अलग व्यवसाय वर्गों से मिली प्रतिक्रिया पर आधारित था, जिसमें इ-कॉमर्स, ट्रैवल, सोशल मीडिया और सर्च जैसे व्यवसाय क्षेत्र शामिल थे। इसमें

फ्लिपकार्ट, मेकमाईट्रिप डॉट कॉम, माइक्रोसॉफ्ट और फेसबुक जैसी जानी-मानी कंपनियों का नाम शुमार था।

विश्व की सबसे जनसंख्या और इंटरनेट पर लाखों-करोड़ों यूजर्स के साथ चीन एक विशाल बाजार का प्रतिनिधित्व करता है। 'डेल' जैसी बड़ी-बड़ी कंपनियाँ इसे यू.एस.ए. के बाद अपने दूसरे सबसे बड़े बाजार के रूप में देखती हैं।

हालाँकि ये आरोप अभी विचाराधीन हैं, लेकिन इसमें कोई संदेह की बात नहीं कि हाल के वर्षों में निजता, निष्पक्षता और विश्वसनीयता के मामले में गूगल की छवि काफी बिगड़ी है। 'बुरे मत बनो' के स्लोगन वाली कंपनी खुद बुरा बनने के कारण ही आलोचना के घेरे में आ गई है। ऐसे में, गूगल और सुंदर पिचाई को विभिन्न अंशधारकों के साथ नियमित और पारदर्शितापूर्ण बातचीत कायम रखने तथा अपने लाखों-करोड़ों यूजर्स, जिनके बल पर कंपनी आज यहाँ तक पहुँची है, को विश्वास में लेने के लिए कुछ ठोस कदम उठाने होंगे।

ड्रैगन को काबू करना

'पूरब, पूरब है और पश्चिम, पश्चिम। दोनों एक-दूसरे से कभी नहीं मिल सकते हैं, जब तक धरती और आसमान ईश्वर की उस सर्वोच्च न्याय की गद्दी पर विराजमान हैं। परंतु उस समय न पूरब होता है, न पश्चिम और न ही जन्म तथा जाति की सीमाएँ होती हैं, जब धरती के दो छोरों से दो शक्तिशाली पुरुष आमने-सामने होते हैं।'

—रुडयार्ड किपलिंग

बीते वर्षों में पश्चिमी दुनिया के विभिन्न संगठन चीनी बाजार में प्रवेश करने के प्रयास में लगे रहे हैं। विश्व की सबसे जनसंख्या और इंटरनेट

पर लाखों-करोड़ों यूजर्स के साथ चीन एक विशाल बाजार का प्रतिनिधित्व करता है। 'डेल' जैसी बड़ी-बड़ी कंपनियाँ इसे यू.एस.ए. के बाद अपने दूसरे सबसे बड़े बाजार के रूप में देखती हैं। ऐसे में, कोई आश्चर्य की बात नहीं कि जब ड्रैगन, यानी चीन के साथ व्यवसाय करने की बात आती है तो बहुत सी कंपनियाँ उसके अनुरूप अपने नियम व शर्तों तक को बदलने को तैयार हो जाती हैं, लेकिन गूगल उन कंपनियों में से नहीं है।

चीन बनाम गूगल—प्रथम चक्र

पश्चिमी दुनिया की कंपनियों में 'याहू' चीन के बाजार में उतरनेवाली पहली कंपनी थी। उसके बाद माइक्रोसॉफ्ट का नंबर आता है। चीनी बाजार को लेकर गूगल की सोच थोड़ी अलग रही है। शुरू में कंपनी ने चीन में अपना कोई ऑफिस नहीं बनाया था, बल्कि अपने यू.एस. स्थित ऑफिस के जरिए ही बाजार पर नजर रख रही थी। गूगल के इंजीनियरों ने सर्च इंजन का एक वर्जन तैयार किया था, जो करेक्टर-बेस्ड एशियाई भाषाओं, जैसे—मंदारिन आदि की पहचान करनेवाला था। वर्ष 2001 की शुरुआत तक स्थिति यह थी कि अगर चीन में बैठा कोई यूजर्स गूगल डॉट कॉम पर विजिट कर रहा होता था तो गूगल का सर्वर ऑटोमैटिक तरीके से यूजर्स को चीनी भाषा के सर्च इंटरफेस की ओर डायवर्ट कर देता था। इस प्रकार मात्र दो वर्षों में ही चीन में सर्च मार्केट में गूगल की हिस्सेदारी 25 प्रतिशत हो गई। बायडू (Baidu) एमपी3 डाउनलोड्स में दिलचस्पी रखनेवाले युवा यूजर्स पर अपना ध्यान केंद्रित करके चल रही थी, जबकि गूगल की नजर चीन के बड़े शहरों के कामगार वर्ग पर थी।

वर्ष 2001 की शुरुआत तक स्थिति यह थी कि अगर चीन में बैठा कोई यूजर्स गूगल डॉट कॉम पर विजिट कर रहा होता था तो गूगल का सर्वर ऑटोमैटिक तरीके से यूजर्स को चीनी भाषा के सर्च इंटरफेस की ओर डायवर्ट कर देता था।

जब ऐसा लगने लगा कि चीजें गूगल के प्रतिकूल नहीं जाने वाली हैं, तभी साइट गायब हो गई। चीन में यूजर्स गूगल डॉट कॉम को एक्सेस नहीं कर पा रहे थे। ऐसा माना जा रहा था कि चीन में गूगल की प्रतिद्वंद्वी कंपनियों, जिनमें बायडू भी शामिल थी, ने चीनी सरकार को यह धारणा बनाने के लिए उकसाया होगा कि गूगल के कारण चीनी हितों को नुकसान पहुँच रहा है। हालाँकि इस तरह की किसी अफवाह की औपचारिक रूप से पुष्टि नहीं हो सकी। दरअसल, चीनी यूजर्स के लिए गूगल एक सबसे अच्छे विकल्प के रूप में उभरा था, जिसका कोई अन्य विकल्प चीन में नहीं था। ऐसे में बायडू, जिसकी सर्च बाजार में हिस्सेदारी गूगल के 24 प्रतिशत के मुकाबले मात्र 3 प्रतिशत थी, इसे अपने लिए एक खतरे के रूप में देख रहा था।

चीनी यूजर्स के लिए गूगल एक सबसे अच्छे विकल्प के रूप में उभरा था, जिसका कोई अन्य विकल्प चीन में नहीं था। ऐसे में बायडू, जिसकी सर्च बाजार में हिस्सेदारी गूगल के 24 प्रतिशत के मुकाबले मात्र 3 प्रतिशत थी, इसे अपने लिए एक खतरे के रूप में देख रहा था।

कुछ सप्ताह बाद गूगल को अनब्लॉक किया गया, परंतु उसकी साइट स्लो कर दी गई थी। गूगल के सामने बहुत मुश्किल स्थिति थी। उसके सामने समस्या यह थी कि अगर वह यू.एस.ए. स्थित अपने ऑफिस से ही चीन में काम करती रहती तो उसकी साइट धीरे-धीरे और स्लो हो जाती और बहुत हद तक संभव था कि उसके यूजर्स गूगल को छोड़कर बायडू और अन्य स्थानीय सर्च इंजनों की ओर उन्मुख हो जाते। और अगर चीन की धरती पर अपना ऑफिस बनाकर वहाँ से अपना कारोबार चलाने की बात सोचता तो इसका मतलब था कि उसे चीन के सारे कानून, कायदों और सेंसरशिप विनियमों का पालन करना पड़ता। अंततः उसने चीन में अपना ऑफिस खोलकर सीधे कारोबार करने का निर्णय लिया। वर्ष 2005 के अंत में उसने चीन में इंटरनेट सेवा चलाने के लिए आवश्यक दस्तावेजों पर हस्ताक्षर कर दिए।

जनवरी 2006 में गूगल ने चीन में काम करने के लिए अपना सर्च इंजन लॉन्च कर दिया। अब चीन में गूगल के पास दो साइट्स हो गई थीं—एक गूगल डॉट कॉम, जिस पर सेंसरशिप नहीं थी, लेकिन फायरवॉल के कारण यह साइट बहुत स्लो थी। दूसरी साइट थी—गूगल डॉट सीएन (google.cn) जिस पर काम शुरू करने के पहले ही दिन लोगों की (खासकर मानवाधिकार कार्यकर्ताओं की) बाढ़-सी देखने को मिली, जो इसे चेक आउट करना चाहते थे। उन्होंने पाया कि साइट पर सेंसरशिप का हाथ पूरा-पूरा है।

चीन में सेंसरशिप की माँगों के कारण गूगल के प्रति यू.एस.ए. में लोगों की नकारात्मक राय बनने लगी थी, क्योंकि लोगों को ऐसा लगने लगा था कि कंपनी अपने 'बुरे मत बनो' के आदर्श से दूर जा रही है। लेकिन समस्या यहीं तक सीमित नहीं थी। कंपनी को यू.एस. हाउस ऑफ रिप्रजेंटेटिव्स की कमेटी ऑन इंटरनेशनल रिलेशंस के सामने अपना पक्ष रखकर बचाव करना था। हालाँकि इसमें गूगल कोई अकेली कंपनी नहीं थी—याहू, माइक्रोसॉफ्ट और सिस्को सिस्टम्स भी विधायिका के घेरे में थीं। लेकिन सबसे ज्यादा दबाव गूगल पर था, इस बात को लेकर कि कैसे एक कंपनी इस तरह चीन में सेंसरशिप की शर्तों पर काम करने को तैयार हो सकती है।

सेंसरशिप के मामले में चीन पर दबाव बनाने के विषय पर गूगल के तत्कालीन सी.ई.ओ. (एरिक श्मिट), जो उस समय काई-फू-ली से मिलने के लिए चीन के दौरे पर गए थे, ने पत्रकारों को बताया, "मुझे लगता है कि यह हमारी धृष्टता होगी कि जिस देश में अभी हमने काम शुरू भर किया है, वहाँ जाकर हम उसे नसीहत दें कि उसे कैसे, क्या करना चाहिए?"

चीन के सेंसरशिप कानूनों को स्वीकार करने और उसके परिणामस्वरूप यू.एस.ए. में फैले जन-आक्रोश तथा यू. एस. की विधायिका के रवैए के चलते गूगल अपने आपको मुश्किल स्थिति में घिरा पा रही थी।

जो भी हो, चीन के सेंसरशिप कानूनों को स्वीकार करने और उसके

परिणामस्वरूप यू.एस.ए. में फैले जन-आक्रोश तथा यू. एस. की विधायिका के रवैए के चलते गूगल अपने आपको मुश्किल स्थिति में घिरा पा रही थी।

दूसरा चक्र और बाहर निकाला जाना

वर्ष 2005 तक गूगल का काफी विस्तार हो चुका था और उसके कर्मचारियों की संख्या भी बढ़ गई थी। पूरी दुनिया में उसके नए-नए ऑफिस खुल गए थे। श्मिट और पेज को लगा कि चीन के विशाल बाजार में प्रवेश करने का यही सही समय है।

चीन में माइक्रोसॉफ्ट रिसर्च एशिया की स्थापना का श्रेय काई-फू-ली को ही जाता है। ली चीन में उतरने के गूगल के इरादों के बारे में जानते थे। बातचीत शुरू हुई। गूगल ने उन्हें गूगल ग्रेटर चाइना के प्रेसीडेंट का पद ऑफर किया।

अब तक चीन के सर्च बाजार में गूगल की अच्छी-खासी हिस्सेदारी हो चुकी थी—और वह भी वहाँ प्रत्यक्ष रूप से उपस्थित रहे बिना। श्मिट और उनकी टीम ने वहाँ एक व्यक्ति काई-फू-ली को नियुक्त करने का निर्णय लिया। उस समय ली ही ऐसे व्यक्ति थे, जो चीन में गूगल की सफलता सुनिश्चित कर सकते थे। बस, एक ही समस्या थी—ली चीन में माइक्रोसॉफ्ट के एक सबसे खास व्यक्ति थे।

चीन में माइक्रोसॉफ्ट रिसर्च एशिया की स्थापना का श्रेय काई-फू-ली को ही जाता है। ली चीन में उतरने के गूगल के इरादों के बारे में जानते थे। बातचीत शुरू हुई। गूगल ने उन्हें गूगल ग्रेटर चाइना के प्रेसीडेंट का पद ऑफर किया। माइक्रोसॉफ्ट, जो इसके लिए तैयार नहीं था, ने ली को आगाह किया कि वह इस तरह का जोखिम न लें, परंतु गूगल पर ली का दिल आ गया था और गूगल भी पीछे हटने वाला नहीं था। इस पर माइक्रोसॉफ्ट ने ली और गूगल के खिलाफ अदालत में मुकदमा दर्ज करा दिया।

दिसंबर 2005 तक काई-फू-ली के खिलाफ चल रहा अदालती मामला

निपट गया और वह चीन में गूगल के एक प्रमुख कार्यकर्ता बन गए। इधर, याहू ने चीन की एक कंपनी 'अलीबाबा' में 1 अरब डॉलर का निवेश किया था। उसी साल अगस्त में बायडू, जो चीन में गूगल की खास प्रतिद्वंद्वी थी, ने सार्वजनिक होने की घोषणा कर दी थी और उसका स्टॉक मूल्य बहुत तेजी से बढ़ रहा था। सर्च और विज्ञापन के व्यवसाय में तेजी से वृद्धि हो रही थी। गूगल को लगा कि दुनिया के सबसे बड़े बाजार में अपने व्यवसाय के विस्तार का यह सही मौका है। चीन में अपनी पैठ बनाकर गूगल उन हजारों कंप्यूटर वैज्ञानिकों की नजर में भी आ सकता था, जो चीनी विश्वविद्यालयों से पढ़कर निकलते हैं। अंततः जनवरी 2006 में गूगल ने चीन में अपनी शॉप शुरू कर दी। अगले दो वर्षों में सर्च मार्केट में गूगल का शेयर 19.2 प्रतिशत से बढ़कर 22.8 प्रतिशत हो गया। उधर, बायडू का मार्केट शेयर 63.7 प्रतिशत से घटकर 58.1 प्रतिशत रह गया, लेकिन गूगल अभी उससे पीछे ही था। वर्ष 2009 तक गूगल का ट्रैफिक बढ़ा और उसके राजस्व में अच्छी-खासी वृद्धि दर्ज की गई।

लेकिन तभी सबकुछ गड़बड़ होने लगा। दिसंबर 2009 में गूगल को लगा कि उसकी साइट पर हैकर्स की नजर है। हैकिंग कहाँ से हो रही है, इसका पता लगाने के लिए तुरंत सर्गेई ब्रिन के नेतृत्व में एक टीम काम में लग गई। यह जानकर सबके सब भौंचक्के रह गए कि हैकिंग चीन के बाहर से की जा रही थी। गूगल ने अपनी साइट पर हैकिंग की गतिविधि के बारे में सार्वजनिक रूप से जानकारी सबको साझा कर दी। उसके बाद यह सार्वजनिक घोषणा कर दी गई कि गूगल अब गूगल डॉट सीएन पर सर्च रिजल्ट्स की सेंसरिंग नहीं करेगा।

गूगल ने अपनी साइट पर हैकिंग की गतिविधि के बारे में सार्वजनिक रूप से जानकारी सबको साझा कर दी। उसके बाद यह सार्वजनिक घोषणा कर दी गई कि गूगल अब गूगल डॉट सीएन पर सर्च रिजल्ट्स की सेंसरिंग नहीं करेगा।

इस विषय पर चीन के अधिकारियों के साथ बातचीत हुई। गूगल बिना सेंसर के सर्च रिजल्ट्स डिलीवर करने के अपने इरादे पर अड़ा था, जबकि चीनी सरकार अपने सेंसरशिप कानून में ढील देने के लिए तैयार नहीं थी। अंततः मार्च 2010 में गूगल डॉट सीएन बंद हो गया। उसके बाद से गूगल डॉट सीएन को चीनी फायरवॉल के कारण ब्लॉकेज का सामना करना पड़ रहा है, जिससे उसके ट्रैफिक में काफी गिरावट आई है।

यहाँ सवाल यह उठता है कि क्या गूगल के पास इस समस्या से निपटने का कोई दूसरा तरीका था? इस विषय में किसी भी तर्क को पूरी तरह सही या पूरी तरह गलत नहीं कहा जा सकता। एक ओर देश का कानून था और दूसरी ओर अभिव्यक्ति की स्वतंत्रता का मामला था। हो सकता है, ऐसा लग रहा हो कि दोनों छोर कभी मिल नहीं सकते; लेकिन ऐसा जरूरी भी नहीं है।

गूगल के चीन से बाहर होने के बाद गूगलप्लेक्स के लोगों की लीडरशिप टीम के प्रति सम्मान की भावना जरूर बढ़ी होगी, लेकिन इसका चीन पर कोई असर नहीं पड़ने वाला था। मोटरोला ने बायडू और बिंग के साथ काम करना शुरू कर दिया और डेल तथा एच.पी. चीनी बाजार पर नजर गड़ाए हुए थे। इधर, माइक्रोसॉफ्ट और याहू भी गूगल की राह पर चलने के लिए तैयार नहीं दिखाई दे रहे थे। सबसे ज्यादा नुकसान चीन के यूजर्स को हुआ, जो अब अनसेंसर्ड सर्च रिजल्ट्स से वंचित हो गए थे। चीन में सूचना की स्वतंत्रता पर जो इसका विपरीत प्रभाव पड़ा, वह गूगल की उस सोच के उलट है, जिसके चलते

चीन में सूचना की स्वतंत्रता पर जो इसका विपरीत प्रभाव पड़ा, वह गूगल की उस सोच के उलट है, जिसके चलते उसने बाजार छोड़ने का निर्णय लिया था। गूगल का चीन से बाहर होना एक तरह से यह दरशाता है कि वह दुनिया की 20 प्रतिशत जनसंख्या की सूचना जरूरतों को पूरा कर पाने में सक्षम नहीं रही।

उसने बाजार छोड़ने का निर्णय लिया था। गूगल का चीन से बाहर होना एक तरह से यह दरशाता है कि वह दुनिया की 20 प्रतिशत जनसंख्या की सूचना जरूरतों को पूरा कर पाने में सक्षम नहीं रही।

गूगल को क्या विचार करना चाहिए था—गुआंक्सी

बाजार की सांस्कृतिक विषमताओं को समझ न पाने के कारण व्यावसायिक संगठनों को या तो अपनी पैठ छोड़नी पड़ जाती है या फिर स्थानीय कानूनों से बाहर होकर चलना पड़ता है। गूगल ने अनजाने में ऐसी ही गलती कर दी।

चीन में गुआंक्सी की अवधारणा क्या है, इसे समझना बहुत जरूरी है।

'गुआंक्सी' क्या है ?

गुआंक्सी का संबंध उन फायदों से है, जो सामाजिक संपर्कों से किसी को प्राप्त होते हैं। इसे दुनिया के पश्चिमी हिस्सों में सोशल नेटवर्किंग का क्या मतलब है, उससे जोड़कर देखा जा सकता है। चीनी लोग गुआंक्सी रिलेशनशिप विकसित करना बहुत जरूरी समझते हैं, जो उनके व्यक्तिगत जीवन के साथ-साथ व्यावसायिक जीवन से भी जुड़ा होता है। इस प्रक्रिया के परस्पर आदान-प्रदान की अवधारणा बहुत महत्त्वपूर्ण होती है। मतलब, अगर मैंने आपसे कोई वस्तु या सेवा ली तो बदले में मुझे आपको कोई वस्तु या सेवा देकर उस एहसान को चुकाना होगा। ऐसा न करना चीन में एक गंभीर अपराध समझा जाता है।

चीन में अगर बिजनेस करना है तो गुआंक्सी की अवधारणा को समझना बहुत जरूरी है, क्योंकि यहाँ बिजनेस के कार्य-व्यवहार को सामाजिक कार्य-व्यवहार से अलग नहीं माना जाता। इस प्रकार गुआंक्सी दो स्तरों पर एक साथ काम करता है। एक स्तर वह होता है, जिसमें व्यावसायिक अंशधारकों के साथ संबंधों को रखा जाता है—प्रतिस्पर्धा, सप्लायर्स, मैन्युफेक्चरर्स, वेंडर्स यानी विक्रेता आदि। दूसरा स्तर वह होता है, जिसके अंतर्गत सरकारी अधिकारियों और विनियामक प्राधिकरणों के साथ संबंधों को रखा जाता है। इस प्रकार,

चीन में किसी कंपनी की व्यावसायिक सफलता में गुआंक्सी की अवधारणा बहुत महत्त्वपूर्ण भूमिका निभाती है।

चाइना मोबाइल चीन का प्रमुख मोबाइल फोन कैरियर था, जो गूगल की मोबाइल इंटरनेट सर्च सेवाओं के प्रबंधन में मदद करता था। जुनलेई चीन की एक म्यूजिक और वीडियो शेयरिंग साइट है, जो यू-ट्यूब की तरह काम कर रही थी।

वस्तुतः गुआंक्सी चीन की संस्कृति का एक हिस्सा है, जो विभिन्न व्यावसायिक संगठनों के बीच तथा व्यावसायिक संगठनों एवं सरकार के बीच संबंधों का आधार है। एक स्तर पर यानी विभिन्न व्यावसायिक संगठनों के साथ आपसी संबंध के स्तर पर तो गूगल ने बहुत अच्छा काम किया। इस संदर्भ में चाइना मोबाइल जुनलेई (Xunlei) और चाइना टेलिकॉम के साथ उसने साझेदारी विकसित कर ली थी। चाइना मोबाइल चीन का प्रमुख मोबाइल फोन कैरियर था, जो गूगल की मोबाइल इंटरनेट सर्च सेवाओं के प्रबंधन में मदद करता था। जुनलेई चीन की एक म्यूजिक और वीडियो शेयरिंग साइट है, जो यू-ट्यूब की तरह काम कर रही थी। चाइना टेलिकॉम वायरलेस टेलिकॉम और ब्रॉडबैंड सेवाएँ उपलब्ध करानेवाली दुनिया की सबसे बड़ी कंपनियों में से एक है। टियान्या डॉट कॉम (Tianya.com) के साथ की गई रणनीतिक साझेदारी भी अपने आप में बहुत अच्छी थी, क्योंकि अधिकांश चीनी लोग मेल और लिखित संदेश भेजने की बजाय चैट और ऑनलाइन कम्युनिटीज को ज्यादा पसंद करते हैं। परंतु गूगल गुआंक्सी के दूसरे स्तर या पहलू, यानी सरकारी अधिकारियों और विनियामक प्राधिकरणों के साथ संबंध, की ओर ध्यान नहीं दे पाया। इसका खामियाजा उसे भुगतना पड़ा।

इस सबका मूल कारण संभवतः यही था कि गूगल चीन में व्याप्त सांस्कृतिक विषमताओं को ठीक से समझ नहीं सका था। गुआंक्सी की एक सबसे महत्त्वपूर्ण बात है—'चेहरा बचाना'। हैकिंग की घटना को लेकर जब

गूगल ने सार्वजनिक रूप से गूगल डॉट सीएन पर अनसेंसर्ड सर्च रिजल्ट देने का निर्णय ले लिया तो ऐसा करके उसने अनजाने में चीन को दुनिया के सामने बेनकाब कर दिया—और चीनियों के लिए यह एक अक्षम्य गलती थी।

गूगल अगर इस विषय पर चीन के साथ बैठकर बातचीत करता तो संभवत: कोई बीच का रास्ता निकल आता। चीन के सरकारी अधिकारी जले-भुने बैठे थे और गूगल को मजबूरन अपनी वर्षों की मेहनत को उसकी आग में झोंक देना पड़ा तथा अपने 30 करोड़ यूजर्स का नुकसान उठाना पड़ा। यहाँ गूगल चाहता तो माइक्रोसॉफ्ट की कमजोरी का फायदा उठा सकता था, परंतु उसने माइक्रोसॉफ्ट की कमजोरी की ओर ध्यान नहीं दिया और चीन के परिवेश को अपने अनुसार बदलने की कोशिश करने की बजाय उसके साथ समायोजन करने की कोशिश की। बाजार में उसने संस्कृति को जिस रूप में जाना-समझा था, उसके मद्देनज्र उसने अपनी रणनीति पर पुनर्विचार किया। चीन में उसने बहुत बड़ा निवेश कर रखा था, जबकि मुनाफा नहीं कमा पाया। माइक्रोसॉफ्ट ने गुआंक्सी की अवधारणा को अपना लिया; हालाँकि उसे अभी बहुत लंबी दूरी तय करनी है, लेकिन भविष्य कुल मिलाकर उज्ज्वल दिखाई देता है।

गूगल अगर इस विषय पर चीन के साथ बैठकर बातचीत करता तो संभवत: कोई बीच का रास्ता निकल आता। चीन के सरकारी अधिकारी जले-भुने बैठे थे और गूगल को मजबूरन अपनी वर्षों की मेहनत को उसकी आग में झोंक देना पड़ा तथा अपने 30 करोड़ यूजर्स का नुकसान उठाना पड़ा।

तो ड्रैगन (यानी चीन) को काबू में भले नहीं किया जा सकता, लेकिन उसे समझा जरूर जा सकता है।

अधिक तेज घोड़ों के चक्कर में न पड़ें!

'लोगों को यह मत बताओ कि काम कैसे करें? उन्हें यह

बताओ कि क्या काम करें और फिर उनके काम का तरीका देखकर आप खुद हैरान रह जाएँगे।'

—जनरल जॉर्ज पैटन

जिस गूगल ने दुनिया भर में सर्च के क्षेत्र में एक नई क्रांति पैदा कर दी थी, उसी गूगल के बारे में जब लोग ऐसा कहने लगे कि उसने अपना जादुई प्रभाव खो दिया है, तो यह सब बहुत निराशाजनक लगता है। माइक्रोसॉफ्ट के स्टीव बॉल्मर ने राजस्व के लिए सर्च से जुड़े विज्ञापन पर गूगल की निर्भरता को देखते हुए उसे 'एकांगी घोड़ा' बताया था। दूसरी ओर, एप्पल के स्टीव जॉब्स ने पेज से जो कुछ कहा था, इसके ठीक उलट था—'आप लोग बहुत सारा काम कर रहे हैं।' हालाँकि अगर देखा जाए तो दोनों बातें एक ही संभावित बिंदु की ओर संकेत करती हैं, और वह है—नवप्रवर्तन की कमी। 'बहुत सारा काम' करने का मतलब कुछ खास व दमदार उत्पादों पर ध्यान केंद्रित करने की बजाय एक साथ ढेर सारे उत्पादों पर ध्यान बिखेरना और परिणामस्वरूप नव-प्रवर्तन की उपेक्षा करना। गूगल के बारे में बॉल्मर की उपर्युक्त टिप्पणी इसी बात का संकेत हो सकती है कि सर्च इंजन के बाद गूगल की अपनी लैब से कोई जबरदस्त प्रौद्योगिकी निकली नहीं दिखाई दी।

माइक्रोसॉफ्ट के स्टीव बॉल्मर ने राजस्व के लिए सर्च से जुड़े विज्ञापन पर गूगल की निर्भरता को देखते हुए उसे 'एकांगी घोड़ा' बताया था।

यह बात सही है कि गूगल सर्च इंजन एक गेम-चेंजर था और उसके बाद क्रोम भी सचमुच नव-प्रवर्तनकारी रहा, लेकिन गूगल ने अपने गूगलप्लेक्स में अभी जो उत्पाद अधिगृहीत किए हैं, वे हाल के वर्षों में उसके द्वारा विकसित किए गए उत्पादों से कहीं ज्यादा नव-प्रवर्तनकारी हैं। उदाहरण के लिए, यू-ट्यूब एक अधिगृहीत उत्पाद है और गूगल के पास इस तरह का अपना कोई उत्पाद इतना सफल नहीं है। इसी तरह पिकासा (फोटो मैनेजमेंट) और डबल क्लिक (वेब एड्स) भी अधिगृहीत हैं। कीहोल (Keyhole), जो बाद में

'गूगल अर्थ' (google Earth) के नाम से जाना गया और 'अर्चिन' (Urchin), जो बाद में 'गूगल एनालिटिक्स (Google Analytics) के नाम से जाना गया—भी अधिग्रहीत हैं। और तो और गूगल के पास आज जो एंड्रॉइड है, वह एंडी रुबिन और उनके सह–संस्थापकों से अधिगृहीत किया गया है। वैसे तो ये सब सचमुच बहुत शानदार उत्पाद हैं और इन्हें अधिग्रहीत करने पर गूगल को गर्व है, लेकिन सच यह है कि गूगल में हम जो भी नए उत्पाद देख रहे हैं, उनमें से ज्यादातर ऐसे हैं, जो कहीं और से लाए गए हैं। गूगल के पास ऐसे इंजीनियर हैं, जिनकी गिनती दुनिया के प्रतिभाशाली इंजीनियरों में होती है और यहाँ का शीर्ष नेतृत्व भी नव–प्रवर्तन या नव–सृजन का पक्षधर रहा है। ऐसे में गूगल में इस तरह की प्रवृत्ति देखकर कोई भी सोचने पर विवश हो सकता है।

गूगल ने गूगल वीडियो, बज, ऑर्कुट, गूगलप्लस, गूगल एंसर्स, गूगल नोटबुक (जो बाद में 'गूगल डॉक्स' के नाम से जाना गया), गूगल वेब, गूगल हेल्थ और अन्य कई उत्पादों में अच्छा-खासा निवेश किया है; तो इसे देखते हुए ऐसा तो बिल्कुल नहीं कहा जा सकता कि वह कुछ हटकर काम करने से डरता है।

ऐसा भी नहीं है कि गूगल असफलता से डरता है। लैरी पेज ने उस समय भी अपने इंजीनियरों की आलोचना नहीं की, जब उनकी असफलता के कारण कंपनी को लाखों डॉलर्स का नुकसान हुआ था। गूगल ने गूगल वीडियो, बज, ऑर्कुट, गूगलप्लस, गूगल एंसर्स, गूगल नोटबुक (जो बाद में 'गूगल डॉक्स' के नाम से जाना गया), गूगल वेब, गूगल हेल्थ और अन्य कई उत्पादों में अच्छा-खासा निवेश किया है; तो इसे देखते हुए ऐसा तो बिल्कुल नहीं कहा जा सकता कि वह कुछ हटकर काम करने से डरता है। गलती या असफलता का जल्दी–से–जल्दी पता लगाकर उसे अपनी सफलता में बदल लेने की रणनीति में ही गूगल की टीम का विश्वास रहा है।

इसका उत्तर जानने के लिए गूगल की कुछ असफलताओं और कुछ सफलताओं का विश्लेषण करना होगा। गूगल सर्च अपनी जगह पर बहुत सफल रहा, इसलिए नहीं कि गूगल—याहू या किसी अन्य की नकल करने की कोशिश कर रहा था। वह 'ज्यादा तेज चलनेवाला घोड़ा बनाने' की कोशिश में नहीं था; बल्कि वह तो एक ऐसी समस्या का हल निकालने की कोशिश कर रहा था, जो दुनिया के सामने थी, जैसे हेनरी फोर्ड ने कहा था—"तेज दौड़नेवाला घोड़ा बनाने की बजाय उसने (गूगल ने) पूरी-की-पूरी घोड़ा-गाड़ी ही बना डाली।" इसकी परिणति एक उच्च कोटि के सर्च इंजन के विकास के रूप में हुई। इसी तरह क्रोम तैयार करते समय भी उसने इंटरनेट एक्सप्लोरर या फायरफॉक्स की नकल करने की कोशिश नहीं की। यहाँ भी एक समस्या का हल निकालने के लिए वह अलग तरह से कोशिश कर रहा था। इसकी परिणति एक ऐसे ब्राउजर के रूप में हुई, जिसने इंटरनेट एक्सप्लोरर का मार्केट शेयर चट करके उसे नीचे डुबो दिया।

तो फिर दुनिया की समस्याओं का हल निकालने की कोशिश और अपनी स्वयं की समस्या पर ध्यान देने की कोशिश के बीच में कहीं कुछ गड़बड़ हुई। एक ओर समस्याओं का हल निकालने की कोशिश और दूसरी ओर फेसबुक जैसे प्रतिद्वंद्वियों की ओर से उत्पन्न खतरों से निपटने की कोशिश। ऐसा लगता है कि सोशल नेटवर्किंग में पैर जमाने की कोशिश में कहीं-न-कहीं गूगल मारा गया और एक के बाद एक करके उसके प्रोडक्ट बंद होते चले गए।

ये प्रोडक्ट कामयाब क्यों नहीं रहे? संभवत: गूगल प्रोडक्ट बनाने की कोशिश कर रहा था, जबकि सोशल मीडिया और नेटवर्किंग का मतलब प्रोडक्ट बनाना नहीं होता है। इसमें यह देखा जाता है कि प्रोडक्ट का उन लोगों के लिए क्या मायने है, जो उसका इस्तेमाल करने जा रहे हैं? और लगता है, गूगल यही गलती कर बैठा। ऑर्कुट एक इंजीनियर के मस्तिष्क की उपज था और एक यूटिलिटी प्रोडक्ट (उपयोगिता उत्पाद) के रूप में विकसित किया गया था। 'बज' की बात करें तो निजता के मसले को लेकर उसकी अपनी समस्याएँ थीं। 'गूगल प्लस' की बात करें तो यह गूगल की विभिन्न सेवाओं

से लोगों को इसमें जोड़ने में कामयाब तो रहा, लेकिन सोशल नेटवर्क में उससे जो अपेक्षा थी, वह नहीं कर सका।

और फिर, कोई कंपनी तभी नव-प्रवर्तनकारी हो सकती है, जब उसमें काम करनेवाले लोग भी उतने ही नव-प्रवर्तनकारी हों। गूगल की शुरुआती कार्य-संस्कृति की एक झलक पेज और ब्रिन द्वारा लिखे एक पत्र से मिलती है, जिसमें लिखा गया था—"गूगल कोई परंपरागत कंपनी नहीं है। हमारा परंपरागत कंपनी बनाने का कोई इरादा भी नहीं है।" शुरुआत में कुछ वर्षों तक यह कार्य-संस्कृति कायम रही और कंपनी के दर्शन एवं उसके सपनों से प्रेरित होकर नई-नई प्रतिभाएँ उसके साथ जुड़ती गईं, परंतु इसी बीच कहीं कंपनी की कार्य-संस्कृति का झुकाव गैर-परंपरागत बनी रहते हुए भी किसी दूसरी ओर हो गया। हालाँकि गूगल अब भी बड़ी-बड़ी प्रतिभाओं को आकर्षित कर रहा है, लेकिन सच्चे अर्थों में जो सृजनात्मक प्रतिभाएँ हैं, वे दूसरे नए संगठनों की ओर जाती दिखाई देती हैं। इसमें फेसबुक के अलावा और भी कई नए संगठन हैं, जो इस तरह की सृजनात्मक प्रतिभा को अपनी ओर आकर्षित कर रहे हैं। सच यह है कि प्रतिभाओं को आकर्षित करने की लड़ाई में गूगल उन्हीं कंपनियों से मात खाता दिखाई दे रहा है, जिन्हें 'पुराना गूगल' के रूप में देखा जाता है।

कोई कंपनी तभी नव-प्रवर्तनकारी हो सकती है, जब उसमें काम करनेवाले लोग भी उतने ही नव-प्रवर्तनकारी हों। गूगल की शुरुआती कार्य-संस्कृति की एक झलक पेज और ब्रिन द्वारा लिखे एक पत्र से मिलती है, जिसमें लिखा गया था—"गूगल कोई परंपरागत कंपनी नहीं है। हमारा परंपरागत कंपनी बनाने का कोई इरादा भी नहीं है।"

बात सिर्फ प्रतिभाओं को आकर्षित करने की नहीं है। सृजनात्मक प्रतिभाओं को गूगलप्लेक्स में बनाए रखना भी एक चुनौती है। पिछले कुछ वर्षों में कंपनी अपनी ढेर सारी मौलिक प्रतिभा खो चुकी है, जिसके बारे में

पहले चर्चा की जा चुकी है। गूगल में एक 'एसोसिएट प्रोडक्ट मैनेजर' प्रोग्राम है, जिसकी शुरुआत करने का श्रेय मैरिसा मेयर ('याहू' की वर्तमान सी.ई.ओ.) को जाता है, जो उस समय गूगल में प्रोडक्ट्स डिवीजन के प्रमुख और सीनियर वाइस प्रेसीडेंट जोनाथन रोसेनबर्ग के अधीनस्थ काम कर रही थीं। ए.पी.एम.—यानी 'एसोसिएट प्रोडक्ट मैनेजर' प्रोग्राम विभिन्न कॉलेजों से कंप्यूटर साइंस की बेहतरीन-से-बेहतरीन प्रतिभाओं को कंपनी में भरती करने के उद्देश्य से शुरू किया गया था। केविन सिस्ट्रॉम की प्रतिभा को पहचाना था, अनुभवी गूगलर सालार कामंगर ने। कामंगर ने ही सिफारिश की थी कि सिस्ट्रॉम को ए.पी.एम. प्रोग्राम में शामिल किया जाए। सिस्ट्रॉम के पास कंप्यूटर साइंस की डिग्री नहीं थी, इसलिए ऐसा नहीं हो सका। सिस्ट्रॉम ने गूगल छोड़ दिया और अपनी स्वयं की कंपनी शुरू कर ली, जिसे आज 'इंस्टाग्राम' के नाम से जाना जाता है। वर्ष 2012 में सिस्ट्रॉम ने 1 अरब डॉलर्स में अपनी कंपनी फेसबुक को बेच दी।

गूगल में एक 'एसोसिएट प्रोडक्ट मैनेजर' प्रोग्राम है, जिसकी शुरुआत करने का श्रेय मैरिसा मेयर ('याहू' की वर्तमान सी.ई.ओ.) को जाता है, जो उस समय गूगल में प्रोडक्ट्स डिवीजन के प्रमुख और सीनियर वाइस प्रेसीडेंट जोनाथन रोसेनबर्ग के अधीनस्थ काम कर रही थीं।

इसी तरह, पूर्व गूगलर इवान विलियम्स ने वर्ष 2006 में अपनी स्वयं की कंपनी 'ट्विटर' की स्थापना की थी। अपनी पुरानी कंपनी 'ब्लॉगर' को उन्होंने वर्ष 2003 में गूगल को बेच दिया था। पॉल बुछीट, जिन्हें जी-मेल को अस्तित्व में लानेवाले एक महत्त्वपूर्ण व्यक्ति के रूप में जाना जाता है और जिन्हें 'बुरे मत बनो' के आदर्श को कार्य-संस्कृति से जोड़ने के लिए जाना जाता है, ने गूगल छोड़ने के बाद 'फ्रेंडफीड' के नाम से नई कंपनी शुरू की थी, जिसे बाद में फेसबुक ने अधिगृहीत कर लिया था। एक और वरिष्ठ गूगलर डेविड रोसेनब्लाट थे, जिन्होंने 'डबल क्लिक' नाम से नई कंपनी शुरू की थी, जिसे बाद में गूगल

ने अधिगृहीत कर लिया। एक अन्य लोकप्रिय साइट 'पिंटरेस्ट' का निर्माण बेन सिल्बरमैन ने किया था, जो पहले गूगल में प्रोडक्ट डिजाइनर के रूप में कार्य कर चुके थे। गूगल के ही डेव गिरॉर्ड ने 'अपस्टार्ट' लॉन्च की थी; और जोनाथन वॉल तथा मार्क फ्रीड फिनेगन भी गूगल के कार्यकर्ता रहे थे, जिन्होंने मिलकर 'टैपमो' (Tappmo) शुरू की थी। इसी तरह 'हाउकास्ट' (Howcast) की शुरुआत एक अन्य गूगलर जैसन लीबमैन ने की थी।

एक अन्य पूर्व गूगलर जेम्स ह्विटेकर के अनुसार, सोशल मीडिया और एडवरटाइजिंग में गूगल की उद्यमिता और नव–प्रवर्तन बहुत शानदार रहा है। हालाँकि इसे पूरी तरह से सही तो नहीं कहा जा सकता, लेकिन इतना तो मानना ही पड़ेगा कि हाल के वर्षों में गूगल को प्रतिभा–पलायन की गंभीर स्थिति का सामना करना पड़ा है। ऐसे में, नई–नई सृजनात्मक प्रतिभा को अपने यहाँ नियुक्त करने की कवायद में नए और अच्छे–अच्छे ऑफर देनेवाली कंपनियों के साथ प्रतिस्पर्धा करना उसके लिए मुश्किल होता जा रहा है। 'अल्फाबेट' को एक होल्डिंग कंपनी के रूप में शुरू करने के पेज के निर्णय के पीछे एक कारण हाल के समय में नव–त्रवर्तन के अभाव को माना जा सकता है। इसके माध्यम से गूगल इंटरनेट से जुड़ी मूल सेवाओं पर अपना ध्यान केंद्रित करेगा और अल्फाबेट कैलिको, लाइफ साइंसेज तथा प्रोजेक्ट लून जैसे प्रोजेक्ट्स पर काम करेगी। आशा की जाती है कि यह नया संगठनात्मक ढाँचा अल्फाबेट के साथ–साथ गूगल में भी नव–निर्माण और नव–प्रवर्तन को बढ़ावा देनेवाला होगा।

'अल्फाबेट' को एक होल्डिंग कंपनी के रूप में शुरू करने के पेज के निर्णय के पीछे एक कारण हाल के समय में नव-प्रवर्तन के अभाव को माना जा सकता है। यह नया संगठनात्मक ढाँचा अल्फाबेट के साथ-साथ गूगल में भी नव-निर्माण और नव-प्रवर्तन को बढ़ावा देनेवाला होगा।

□

भाग–5

रेनमेकर (बादल)

'नेतृत्वकर्ता वह होता है, जो अपने लोगों को वहाँ लेकर जाता है, जहाँ वे जाना चाहते हैं। एक महान् नेतृत्वकर्ता वह होता है, जो उन्हें उस ओर ले जाता है, जिस ओर वे जाना भले नहीं चाहते, लेकिन जाने की जरूरत होती है।'

—रोसालिन कार्टर

मूल में वापसी

'इसीलिए मैं चाहता हूँ कि गूगल कंप्यूटिंग को और कनेक्टिविटी को और ज्यादा एक्सेजिबल (पारगम्य) बनाने के लिए प्रयास करे, और ज्यादा निवेश करे। और अपने मूल मिशन की ओर वापस चलते हुए जब हम चीजों को मशीन लर्निंग की तरह करते हैं और यूजर्स को सहायता उपलब्ध कराते हैं तो इस सबको मैं एक गेम चेंजर के रूप में देखता हूँ। क्योंकि एक व्यक्ति, जिसकी पहुँच एक स्मार्टफोन भर तक है, उसके पास भी शायद वैसी ही सक्षमताएँ हो सकती हैं, जो ज्यादा साधन से युक्त किसी व्यक्ति के पास होती हैं। जो कुछ हम कर रहे हैं, उसमें यही बात है, जो सबसे ज्यादा उत्साहवर्धक है।'

—सुंदर पिचाई

गूगल को लेकर उसके संस्थापकों के दर्शन के बारे में, और किस प्रकार लंबे समय तक उसे कायम रखकर गूगल ने दुनिया की सबसे प्रतिष्ठित

कंपनियों में अपना स्थान बनाने में सफलता प्राप्त की—इन सब बिंदुओं पर पुस्तक के पिछले पृष्ठों में काफी विस्तार से चर्चा की गई। परंतु कुछ लोगों को ऐसा लगता है कि अपने रास्ते पर चलते हुए गूगल सूचना (इनफॉर्मेशन) के जरिए दुनिया को बदलने के अपने समर्पित लक्ष्य से कहीं-न-कहीं भटक गया और परंपरागत कंपनियों की संस्कृति का पर्याय बने ऐसे जाल में उलझ गया, जिसके बारे में गूगल के संस्थापकों ने अपने मूल संस्थापक पत्र में स्वयं विरोध जताया था। हालाँकि अब जबकि सुंदर पिचाई ने सी.ई.ओ. के रूप में गूगल का कार्यभार सँभाल लिया है और कंपनी के मूल, उदात्त आदर्शों के प्रति उन्होंने अपनी प्रतिबद्धता दोहराई है, तो चीजें फिर से सामंजस्यपूर्ण स्थिति में आती दिखाई देती हैं।

गूगल के विशाल संसाधनों को एकजुट करके एक सुविचारित, नव-प्रवर्तनकारी कार्यरूप देने का काम अगर कोई कर सकता है तो वह सुंदर पिचाई ही हैं। पिचाई अब तक कई सफल उत्पाद लॉञ्च कर चुके हैं।

गूगल के विशाल संसाधनों को एकजुट करके एक सुविचारित, नव-प्रवर्तनकारी कार्यरूप देने का काम अगर कोई कर सकता है तो वह सुंदर पिचाई ही हैं। पिचाई अब तक कई सफल उत्पाद लॉञ्च कर चुके हैं। उनके इस ट्रैक रिकॉर्ड को देखते हुए कहा जा सकता है कि गूगल के पास न सिर्फ दुनिया की सबसे महत्त्वपूर्ण कंपनी के रूप में स्थापित होने का, बल्कि दुनिया की सबसे ज्यादा प्रवर्तनकारी कंपनियों में से एक होने का अपना पुराना गौरव वापस प्राप्त करने का भी मौका है। पिचाई को सिर्फ प्रोडक्ट पर नहीं, बल्कि उस प्रौद्योगिकी पर भी अपना ध्यान केंद्रित करना होगा, जो दुनिया भर के लोगों के जीवन में बदलाव लाने की क्षमता रखती है। इसके लिए उन्हें गूगल के प्रोडक्ट विजन और रिसर्च प्रोजेक्ट्स पर ज्यादा ध्यान देने की जरूरत है। अगर ग्राहकों को गूगल से वह सबकुछ मिलेगा, जो वे चाहते हैं तो बदले में वे भी वफादार ग्राहक की

तरह कंपनी को वह सबकुछ देंगे, जिसकी उसे सबसे ज्यादा जरूरत है। और गुआंक्सी का सिद्धांत भी यही कहता है—'लेने से पहले देना सीखो।'

नेतृत्व किए बिना नेतृत्व करना

'मेरा मानना है कि नेतृत्वकर्ता का काम होता है और अधिक नेतृत्वकर्ता तैयार करना, न कि अपने पीछे चलनेवाले और अनुयायी तैयार करना।'

—रॉल्फ नडेर

लैरी पेज और सर्गेई ब्रिन ने कई मौकों पर यह स्पष्ट किया है कि सृजनात्मक और अभिप्रेरित मस्तिष्क को यदि नेतृत्व के लिए उपयुक्त परिवेश दिया जाए तो उससे क्या कुछ हासिल किया जा सकता है? सुंदर पिचाई ऐसे ही परिवेश की एक उपज हैं—साथ ही मैरिसा मेयर, जोनाथन रोसेनबर्ग, सालार कामंगर और कई अन्य नेतृत्वकर्ता भी। अल्फाबेट के निर्माण के जरिए पेज ने स्वयं को और अपनी टीम के सदस्यों को नेतृत्व की ओर आगे बढ़ने की जबरदस्त प्रेरणा प्रदान की है। इधर पिचाई ने गूगल का नेतृत्व सँभाल लिया है और अल्फाबेट के अंतर्गत अलग-अलग लोग अलग-अलग विभागों का नेतृत्व सँभाले हुए हैं। उधर, पेज और ब्रिन अपनी मूल जिम्मेदारी में वापस आ गए हैं और देख रहे हैं कि किस प्रकार टीम के उनके अनुयायी स्वयं को नेतृत्वकर्ता के रूप में तैयार कर रहे हैं। इससे गूगल और अल्फाबेट के अन्य व्यावसायिक विभागों को उन छोटे-छोटे रणनीतिक दाँवों पर ध्यान केंद्रित करने का मौका निलेगा, जो भविष्य में बड़ा

लैरी पेज और सर्गेई ब्रिन ने कई मौकों पर यह स्पष्ट किया है कि सृजनात्मक और अभिप्रेरित मस्तिष्क को यदि नेतृत्व के लिए उपयुक्त परिवेश दिया जाए तो उससे क्या कुछ हासिल किया जा सकता है? सुंदर पिचाई ऐसे ही परिवेश की एक उपज हैं।

लाभांश देने वाले हैं। पेज और ब्रिन ने व्यवसाय से स्वयं को पर्याप्त रूप से दूर कर लिया है, लेकिन इतने अधिक दूर नहीं कि यह उनकी दृष्टि से ओझल हो जाए।

इतना ही नहीं, इससे दोनों संस्थापकों को अपने ज्ञान व अनुभव को अपनी महत्त्वाकांक्षी परियोजनाओं में लगाने का मौका भी मिलेगा। इधर पिचाई को भी चूँकि गूगल के नॉन-कोर बिजनेस पर ज्यादा ध्यान केंद्रित नहीं करना पड़ रहा है, इसलिए उन्हें और उनकी टीम को गूगल के मूल व्यवसाय के अंतर्गत नव-सृजन, नव-प्रवर्तन में प्रवृत्त होने का मौका मिलेगा।

भविष्य की झलक

'बहुत सारी कंपनियाँ हैं, जो सफल नहीं हो पातीं। वे कहाँ गलती करती हैं? वे भविष्य को न देखने की गलती करती हैं।'

—लैरी पेज

अब पिचाई के सामने एक और बड़ी जिम्मेदारी है और वह है—आलोचकों के सामने यह सिद्ध करके दिखाना कि क्यों अब भी गूगल को एक गैर-परंपरागत कंपनी माना जाना चाहिए, जबकि ज्यादातर मानकों के अनुसार वह परंपरागत कंपनी की श्रेणी में आ चुकी प्रतीत होती है, और संभवतः ऐसा है भी।

अब पिचाई के सामने एक और बड़ी जिम्मेदारी है और वह है—आलोचकों के सामने यह सिद्ध करके दिखाना कि क्यों अब भी गूगल को एक गैर-परंपरागत कंपनी माना जाना चाहिए, जबकि ज्यादातर मानकों के अनुसार वह परंपरागत कंपनी की श्रेणी में आ चुकी प्रतीत होती है, और संभवतः ऐसा है भी। परंतु वर्तमान में कंपनी का 85 प्रतिशत से भी ज्यादा राजस्व विज्ञापन से आता है। इसे ध्यान में रखकर देखा जाए तो क्या गूगल एक परंपरागत मीडिया कंपनी की तरह नहीं

है ? विज्ञापन पर, और उसमें भी ज्यादातर ऑनलाइन विज्ञापन पर, इतनी ज्यादा निर्भरता को देखते हुए गूगल को विज्ञापन की अपनी व्यावसायिक कार्य-विधि में बदलाव के परिणामस्वरूप उत्पन्न होनेवाले संभावित जोखिम पर विचार करने की जरूरत है; क्योंकि इससे उसके बिजनेस मॉडल पर विपरीत प्रभाव पड़ सकता है। ऐसा भी हो सकता है कि किसी दिन कोई प्रौद्योगिकी ताकत आए और ऐसी जबरदस्त प्रौद्योगिकी तैयार कर डाले, जिससे सारा परिदृश्य ही बदल जाए—ऐसी प्रौद्योगिकी, जिसमें सूचनाओं को साझा करने या विज्ञापन के लिए इंटरनेट या मोबाइल की जरूरत ही नहीं हो। अगर ऐसा हुआ तो, गूगल हमें वैसा दिखाई नहीं देगा, जैसा आज हम उसे देख रहे हैं। तो पिचाई को एक ओर प्रत्यक्ष प्रतिद्वंद्वियों को मात देते हुए कंपनी को उनसे आगे ले जाना है और दूसरी ओर, बाजार के बदलते परिदृश्य और प्रवृत्तियों पर भी नजर रखनी है, ताकि बदलाव आने से पहले ही कंपनी उसके लिए खुद को तैयार रख सके।

सुधी जनों के लिए अंतिम संदेश

> *'फ्रैंकॉइस रैबेलॉइस—वह एक कवि थे। उनके अंतिम शब्द थे, 'मुझे एक महासंयोग की तलाश में जाना है।' इसलिए मैं जा रहा हूँ। मुझे उस समय का इंतजार नहीं करना है, जब महासंयोग को शुरू करते-करते मैं मर जाऊँ।'*
>
> **—जॉन ग्रीन**

गूगल, जो आज भी दुनिया की सबसे महत्त्वपूर्ण कंपनियों में से एक है और जिसके पास अरबों डॉलर्स का नकद आरक्षित कोष मौजूद है, की कमान पिचाई को सौंपनेवाले उनके पूर्व सरपरस्त और स्वयं गूगल के सी.ई.ओ. रहे लैरी पेज हैं। कंपनी की एक सशक्त मोबाइल रणनीति है और एंड्रॉइड आज भी मोबाइल ओ.एस. में सबसे ज्यादा मार्केट शेयर का दावा करता है। क्लाउड सेवाओं में अगर अमेजन, माइक्रोसॉफ्ट और आई. बी.

एम. अग्रणी हैं तो गूगल भी माइक्रोसॉफ्ट और आई.बी.एम. से पीछे नहीं है।

मोबाइल एडवरटाइजिंग और डिस्कवरी प्लेटफॉर्म की बात करें तो इनमोबी और मिलेनियल मीडिया की बराबरी में चल रहा है। अन्य उत्पादों में भी हर वर्ग की शीर्ष पाँच श्रेणियों में इसका स्थान है।

सर्च के क्षेत्र में गूगल आज भी सबसे आगे है। बिंग और याहू इसका साथ पकड़ने की कोशिश में हैं। मोबाइल एडवरटाइजिंग और डिस्कवरी प्लेटफॉर्म की बात करें तो इनमोबी और मिलेनियल मीडिया की बराबरी में चल रहा है। अन्य उत्पादों में भी हर वर्ग की शीर्ष पाँच श्रेणियों में इसका स्थान है।

अब पिचाई के सामने असली चुनौती पेज की विरासत को बचाए रखने के साथ-साथ गूगल के एक-एक उत्पाद को सफलता की ऊँचाइयों तक पहुँचाने की भी है।

सर्च, क्लाउड और मोबाइल जैसे क्षेत्रों में गूगल के नए सी.ई.ओ. को गहन विचार करने की जरूरत तो है ही, साथ ही उन्हें उस 'महासंयोग' के बारे में भी सोचना होगा, क्योंकि इसके अंदर ही कहीं नव-प्रवर्तन और सृजनात्मकता की जबरदस्त शक्ति निहित हो सकती है, जिसकी गूगल में नई ऊर्जा फूँकने के लिए जरूरत है।

□

पाद टिप्पणियाँ

1. ए हैंडबुक ऑन यूनिवर्सिटी सिस्टम, आर. पोन्नूसामी एवं जे. पांडुरंगन, चेन्नई एलाइड पब्लिशर्स प्रा. लि., 2014
2. 'मीट गूगल्स न्यू एंड्रॉइड चीफ सुंदर पिचाई' : www.goanvoice.cas, प्रो. सनत रॉय, आई.आई.टी., खड़गपुर, 2013
3. 'चेन्नईज सुंदर पिचाई इज डार्क हॉर्स' : www.timesofindia.com, ईशान श्रीवास्तव एवं हेमाली छापिया, 2014
4. 'फेडिंग अमेरिकन ड्रीम' : सुंदर पिचाई इज ए मेटाफर फॉर ए न्यू काइंड ऑफ एलिटिज्म इन यू.एस., वजाहत काजी, www.firstpost.com, 2015
5. 'गूगल ड्रॉप्स एन इ-मेल बॉम्ब' : www.bloomberg.com, एलेक्स साल्कीवर, 2004
6. 'क्रोम एस वी पी सुंदर पिचाई कन्फर्स क्रोम इज (मोस्टली) बीटिंग आई ई' : सराहपरेज, www.techcrunch.com, 2012

□

सुंदर पिचाई के प्रेरक विचार

एंड्रॉयड को बहुत ही सुरक्षित रखने के लिए बनाया गया था।

एक व्यक्ति जो खुश है, इसलिए नहीं कि उसके जीवन में सबकुछ ठीक है, वह खुश है, क्योंकि उसके जीवन में सबकुछ के प्रति उसका दृष्टिकोण सही है।

क्या बच्चों को रात को खाते समय फोन की जाँच करनी चाहिए? मुझे नहीं पता। मेरे लिए यह एक अभिवावक का विकल्प है।

क्रोम पर सौ मिलियन से भी ज्यादा उपयोगकर्ता हैं, जो मोबाइल, टैबलेट और डेस्कटॉप पर फैले हैं, यह एक अखंडित आधार है। यह एकरूपता ब्राउजरों से संबंधित अन्य मुद्दों की तुलना में शायद सबसे बेहतर है।

गूगल के बारे में सार यह है कि यह लोगों को सूचना देता रहे।

गूगल की खोज महत्त्वपूर्ण थी, इंटरनेट पर सबसे महत्त्वपूर्ण अनुप्रयोगों में से एक। लोग एक ब्राउजर के माध्यम से सबकुछ एक्सेस करते हैं और हमारे लिए यह सुनिश्चित करने के लिए महत्त्वपूर्ण था कि हमारे पास वहाँ एक विकल्प था।

गूगल टीम को बहुत सारी स्वायत्तता है, जिसमें मेरे जैसे लोग भी शामिल हैं।

गूगल पर हमारे द्वारा किए गए कार्यों के लिए हमारे पास एक महत्त्वाकांक्षी दृष्टिकोण है, हम इसे 'मून शॉट्स' कहते हैं।

गूगल वॉलेट का उपयोग करनेवाले लोगों के लिए अनुभव काम करता है।

जब आप एक प्लेटफॉर्म को एक बड़े पैमाने पर चलाते हैं तो आपको यह सुनिश्चित करना होगा कि वह सही मायने में मुक्त हो। इस तरह सिर्फ आप ही इस पर अच्छी तरह कार्य नहीं कर पाएँगे, बल्कि दूसरे लोग भी ऐसा कर पाते हैं।

जितना मैंने देखा है, एंड्रॉयड सबसे खुली प्रणालियों में से एक है। एंड्रॉयड को जो विशिष्ट बनाता है, वह है इसका डिजाइन, जो जमीनी स्तर से लेकर एक बहुत शक्तिशाली तरीके से अनुकूलित किया जा सकता है।

भारत लंबे समय से तकनीक कंपनियों के लिए प्रतिभा का एक निर्यातक रहा है, लेकिन अब भारत अपनी ही क्रांति के दौर से गुजर रहा है।

मेरी माता और पिता में; पिताजी ने वह किया जो ज्यादातर माता-पिता करते हैं। उन्होंने अपने जीवन में बहुत त्याग किया और अपनी आय का ज्यादातर हिस्सा यह सुनिश्चित करने में खर्च किया, जिससे उनके बच्चे शिक्षित हो सकें।

मेरे मन में हर बार यही बात चोट करती है कि भारतीय लोगों की आकांक्षाएँ अनूठी और अद्वितीय हैं। भले ही वे उस पृष्ठभूमि से नहीं हैं, फिर भी वे बहुत अपेक्षा रखनेवाले होते हैं।

मैं एक गुप्त परियोजना पर काम कर रहा हूँ, जो हर दिन मेरे 24 घंटे में चार घंटे बढ़ा देती है। यह कुछ टाइम मशीन जैसा है।

मोबाइल क्षेत्र में बहुत शक्तिशाली पुरुष और महिलाएँ हैं, मैं भाग्यशाली हूँ कि इस जगत् का हिस्सा हूँ, परंतु मैं ऐसा कभी नहीं सोचता कि मैं सबसे शक्तिशाली व्यक्ति हूँ।

यदि आप पीछे आते हैं और एक समग्र नजर से देखते हैं, तो मुझे लगता है, कोई भी जिम्मेदार व्यक्ति यही कहेगा कि एंड्रॉयड में बहुत तेज गति से नव-परिवर्तन कर रहा है, यह नव-परिवर्तन उपयोगकर्ताओं के पास पहुँच रहा है।

व्हाट्सएप्प जैसी चीजें सफलता का एक बड़ा उदाहरण है, जिन्हें यूजर्स एंड्रॉयड पर यूज करते हैं, जो इस मंच पर एक स्वागत नवाचार है।

हम उन चीजों पर काम करने की कोशिश करते हैं, जिन्हें भविष्य में करोड़ों-अरबों लोग हर दिन उपयोग में लाएँगे।

हम एंड्रॉयड के शीर्ष पर व्हाट्सएप्प की सफलता से उत्साहित हैं। अमेजन एंड्रॉयड के शीर्ष पर किंडल जैसी सेवाएँ लाता है। यह एक प्रतिस्पर्धा दुनिया है और लोगों की सोच की तुलना में बहुत अधिक जटिल है।

हम गहन कंप्यूटर विज्ञान का उपयोग करने की कोशिश करते हैं, ताकि समस्याओं को सुलझाने के लिए हमें एक सुदृष्टिकोण प्राप्त हो सके।

हम गूगल प्ले सेवाओं के लिए हर छह सप्ताह में एक नया संस्करण लाते हैं। आमतौर पर 90 प्रतिशत उपयोगकर्ता नए संस्करण का प्रयोग करते हैं।

□□□